土　地球最後のナゾ

100億人を養う土壌を求めて

藤井一至

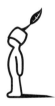

光文社新書

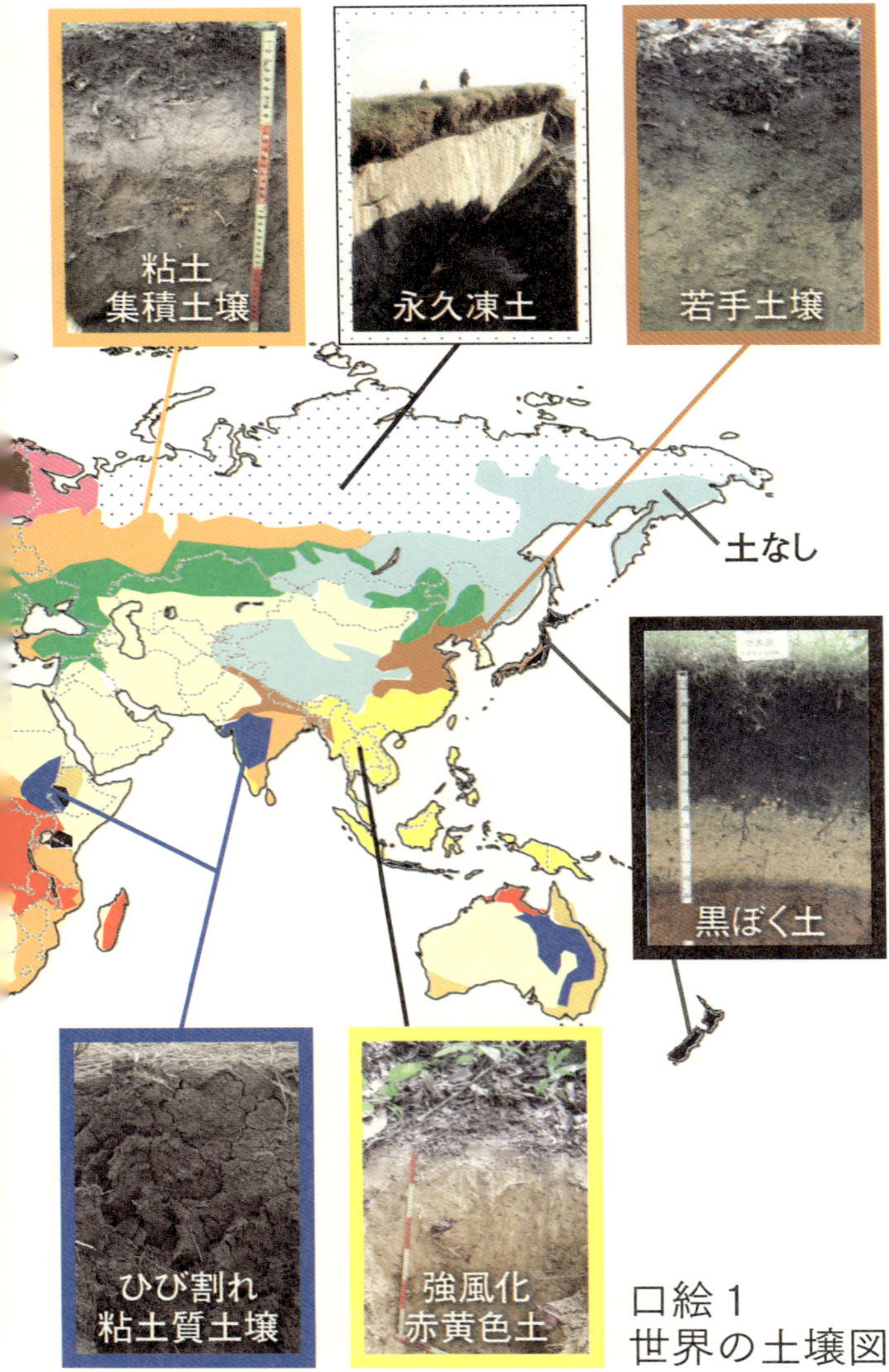

口絵1
世界の土壌図

泥炭土
ポドゾル
チェルノーゼム(黒土)
砂漠土
未熟土
オキシソル

まえがき

この本を執筆するきっかけは、若干の嫉妬《しっと》と被害妄想にある。巷《ちまた》ではＮＡＳＡ（アメリカ航空宇宙局）の作成した火星再現〝土〟で農業に成功したというニュースが話題になった[1][2]。もし地球がだめになった時には火星で暮らすことができる。宇宙飛行士という仕事も格好いい。宇宙には夢やロマン、希望があふれている。これに対して、あえて「**地球の土も頑張っている**」と対抗するのがこの本の目的だ。

大見得を切っておいていうのもなんだが、土は地味だ。その研究者の扱いも、宇宙飛行士とは雲泥（宙泥？）の差がある。空港で土とスコップの機内持ち込みを謝絶されて肩を落として落ち込んでいる大人を見たことがあるだろうか。業務として土を掘っているにもかかわらず通報され、職務質問を受けることすらある。やましいところは一切なく、土を掘るのを仕事にしている。

読者諸賢には何を好き好んで土なんて掘っているのかと思われるかもしれない。家や道をつくるためでもなければ、徳川埋蔵金を捜すためでも……ない。**100億人を養ってくれる肥沃な土を探す**ためだ。毎日の食卓を支える地球の土を研究している。

人口爆発、食糧危機、環境破壊、砂漠化、土壌汚染……テレビのドキュメンタリーや学校の授業では、地球から目を背けたくもなるような言葉が並ぶ。専門家たちが危機をあおる常套句であり、多くの学生にとってはテストの答案用紙に書き込めばおしまいの頻出用語となっている。田んぼに囲まれて暮らした少年（私）にとっても例外ではなかった。

しかし、70億人を突破した世界人口は、さらに30億人も増えて、21世紀中には100億人に達するという。一人あたりの畑は30メートル×30メートルの面積しかないのに（正しくは、45メートル×45メートルだと後に知った）、砂漠化によってさらに土が減ってしまう。食いしん坊の直感にすぎないが、ずいぶんと狭い。本当なら一大事だ。100億人が、なによりも自分がお腹いっぱいに食べていくには、どうすればよいのか。100億人分の肥沃な土を見つけるしかない。

トマト一つまともに育てられない農家の長男、自給率40パーセント程度の極東の島国の田舎に住む少年が世界の食糧を心配する。冷静になれば、滑稽《こっけい》な話である。エジプト考古学者になると卒業文集に記した将来の夢は脇に置いて、とにもかくにも土を研究しようと心に誓った。「スコップで土を掘る」ところまでは同じ仕事だ。

自分は田舎育ちだから、「地の利」があると確信していた。

幼少の頃、おもちゃの車に乗りながら家の畑や庭で生き物を見つけては、大事な椅子の下のスペースにコレクションしていた。ある時、椅子のフタを開けた母は仰天したという。わんぱく少年の宝箱には輝く数十匹のミミズがうごめいていた。母の小言の一切は忘れたが、ミミズを掘り出した手は土で真っ黒だったことは鮮明に覚えている。

しかし、藤井少年の自信は簡単に揺らいだ。ある時、学校の図画の授業で土を黒一色に塗り、「土はこげ茶色でしょ」という先生と衝突した。「灰色だよ」と割り込んでくる同級生もいた。教育の現場に混乱を招いてしまった。驚いたことに、アフリカの子供たちは土を赤く塗るし、スウェーデンの子供たちは土を白く塗るという。前衛画家のタマゴがいるわけでもなければ、人種によって色彩感覚が異なるわけでもない。土は、想像以上に多彩だったのだ。よく知っていると思っていた土は、ほんのごく一部に過ぎなかった。大雑把に分けても、世界中には12種類も土壌があるということを土の研究を始めてようやく知った。

考えてみると、土について学校で教わったことはない。ややこしい土については触れないように、と小学校の学習指導要領で釘を刺されることすらある[3]。その一方で、ニュースでは「土壌汚染の問題でウン百億円の投入が必要だ」とか、食材の産地を訪ねる料理番組では「この土がいい」という言葉が交わされる。泥まみれになった子供に、「土にはバイキンがいっぱい」と諭す親がいたかと思えば、評論家たちの口からは「犯罪を生み出す土壌」なんていう見たこともない土まで飛び出す始末だ。土に関する知識は錯綜《さくそう》している。研究者のあいだですら、土壌は「ファイナル・フロンティア」、つまり、地球最後のナゾといわれている[4]。分かっていないことが山ほどある。

そもそも土とは何なのか。地球の土は、日本の土は、どうやって私たちの食卓を支えてくれているのか。１００億人の生存は可能なのか。多様な土を基本から理解して、肥沃な土を見つけ出すしかない。その決意の先に、探検家まがいの日々が待ち受けていることまでは予見できなかった。

読者は手を汚す必要はない。土のない街の舗装された道を少し逸《そ》れて、泥まみれの道草に出かけよう。きっと足元に広がる小宇宙の魅力を再発見できるはずだ。

土　地球最後のナゾ

――目次

第2章　12種類の土を探せ！　53

第3章　地球の土の可能性　137

第1章 月の砂、火星の土、地球の土壌

図１　バイキング号から届いた火星の表面の写真。タコ型火星人は実在しない。NASA 提供。

肥沃な土は地球にしかない

世界人口が地球の収容能力を超えた未来を想定し、月や火星に入植するアイデアがある。ＳＦ小説の中だけのことではない。あのＮＡＳＡの研究者たちが本気になっている。この惑星地球化計画を、テラ・フォーミングという。テラの語源は土だ。

ＮＡＳＡが監修したＳＦ映画「オデッセイ」では、火星に取り残された宇宙飛行士が火星の砂と凍結乾燥したウンコを混ぜて「土」をつくり出し、そこでジャガイモを栽培する。わざわざ手間のかかることをする理由は、火星にはもともと植物を栽培できる土がないからだ（図１）。ＮＡＳＡの活動を否定する勇気はないが、土は地球にしか存在せず、月や火星にはない。１００億人を養えるのは地球の土だけだ。

そもそも地球の土ですらよく分かっていないところに、月や火星の「土」まで登場すると頭が混乱したかもしれない。まずは、土とは何か？　という根源的な問いを整理するために、地球と月と火星の土を比較してみよう。

「地球にしか土がない」というのは、勉強を始めたばかりの頃、私にとっても意外だった。１９６９年、月面に着陸したアポロ11号のニール・アームストロング船長の足跡は確かに地面に刻まれていた（図２）。岩かと思いきや、「えっ……！　とても、とても粒子が細かい。パウダーのようだ」と驚いたアームストロング船長の言葉が録音されている。月には、降ったばかりの火山灰のような塵《ちり》が数センチメートルの厚みで堆積していた。「人類にとっての大きな飛躍」となるアームストロング船長の一歩を受け止めた軟らかな地面、あれは土ではないのだろうか。

図２　アポロ11号の宇宙飛行士が月面に刻んだ最初の一歩。Lunar and Planetary Institute 提供。

世間一般では、これも土と呼ぶかもしれない。しかし、専門家の集う学会の定義する「土壌」とは、**岩の分解したものと死んだ動植物が混ざったもの**を指す。この意味では、動植物の存在を確認できない月や火星に、土壌はないことになる。あるのは岩や砂だけだ。この命のない〝土〟の材料はレゴリスと呼ばれ、土とは区別される（ちなみに、本書では土と土壌は区別していない）。

土と月の砂の境界線をすっきりと説明できたようだが、読者の中には、うまくいいくるめられたように感じる人もいるだろう。学会の定義のしかたによっては、いずれも土と呼んでよいことになる。では、なぜ月の砂は土ではないのだろうか？　土とレゴリスを分かつ本質的な違いとは、何なのだろうか？　それを知るために、まずは月を訪ねよう。

図3　玄武岩。

月には粘土がない

月と地球の材料はほとんど同じだ。隕石の衝突によって一つの惑星が分裂しただけだからだ（ジャイアント・インパクト仮説）。月の表面で、ウサギが餅をついているように見える暗い部分（月の海）は、鉄を多く含む**玄武岩**《げんぶがん》である（図3）。これは地球にもよくある岩だ。地球の奥深く（図4の②マントル）には鉄を多く含んだマグマがあり、マグマが噴き出した

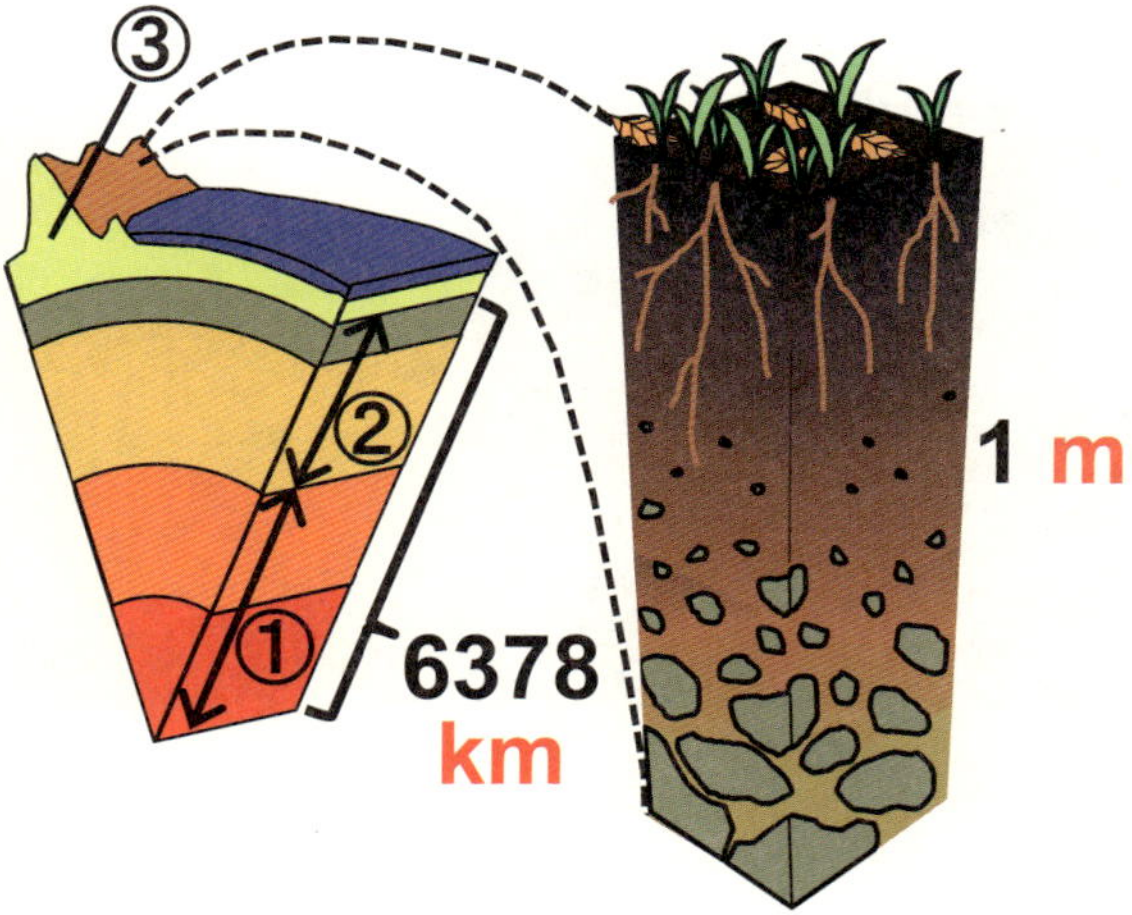

図４　地球の構造（①核②マントル③地殻のうち、地殻の表面を水と土が覆っている）。

地域には玄武岩が分布する。デカン高原（インド）が一例だ。月でも同じように玄武岩が生まれ、その上にサラサラした暗色の塵が堆積している。

一方、月のウサギを囲む白い部分（月の高地）は、ケイ素（Si、ガラスやシリコンの材料）やアルミニウム（Al、アルミホイルの材料）を多く含んだ斜長岩《しゃちょうがん》（長石の一種）である（図5）。この部分が白く見えるため、月面にウサギの姿が浮かび上がって見える。地表近くでケイ素やアルミニウムが多くなるのは地球でも同じだが、豊かな水をたたえた地球では、水によってマグマが冷却されて**花崗《かこう》岩《がん》**が生成する（図5）。花崗岩は、城の

図５　地球の花崗岩（左）と月の斜長岩（右、アメリカ自然博物館所蔵）。

石垣や墓石に使われる御影石《みかげいし》でおなじみだが、そもそも私たちの乗っている大陸プレートそのものが花崗岩でできている。花崗岩からできた土は、真砂土《まさつち》として園芸用品にもなる。月の斜長岩も花崗岩のように白く、月の高地には小麦粉のような白く細かい砂が堆積している。

斜長岩にせよ玄武岩にせよ、月の砂の材料は、地球の岩石とほぼ同じ成分を含んでいる。しかし、その後の運命は同じではなかった。引力の小さい月には水も大気もなく、生き物も存在しない。一方の地球は水と大気に恵まれ、多様な生き物が進化した。

地球の岩石は、水と酸素、そして生物の働きによって分解する。風化という。例えば、青色の鉄（Fe^{2+}、還元状態の鉄）を含む岩が水に溶け出すと、酸素によって酸化され、赤色や黄色の鉄さび（Fe_2O_3）へと

図6　鉄の多い青い岩（蛇紋岩）が風化すると、赤い鉄さび粘土が生まれる。

変化する（図6）。こうして**粘土**の一つが生まれ、土の一部となる。私たちは、記憶や愛が〝風化〟すると喩《たと》えるように、風化＝劣化・消失と捉えがちだが、風化はただ岩を分解するだけではなくて、そこから土を生み出す現象を含んでいる。

鉄の少ない花崗岩が風化すると、徐々に砕けて細かくなり、砂、そして土になっていく。岩から溶け出したケイ素やアルミニウムのイオンが濃縮すると、土の中で新しい鉱物が生まれる。これも粘土である。岩が風化すると、砂だけでなく粘土へと姿を変えるのだ（図7）。イオンから鉱物が誕生する現象（析《せき》出《しゅつ》）は、イメージがつきにくいかもしれない。しかし、私たちの血液中のカルシウムやリン（遺伝子や皮膚をつくる、肥料要素の一つ）が骨や歯というかたちの鉱物（アパタイト）として結晶化するのも身

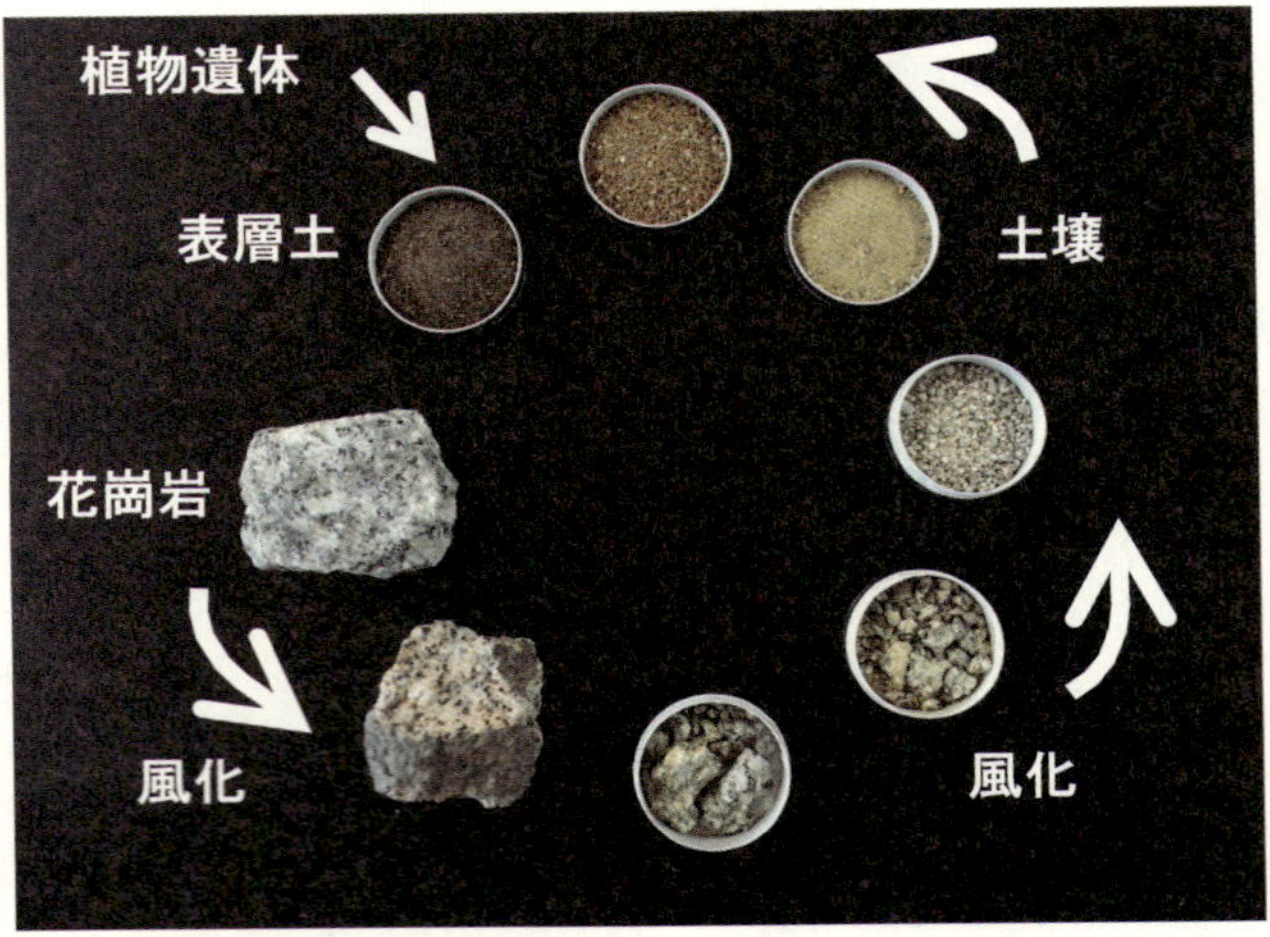

図７　花崗岩が風化して土になるまで。土は数億年かけてまた岩石（堆積岩やマグマ）に戻る。

近な例だ。粘土は、水の惑星が流した〝血と汗〟の結晶である。

粘土とは、直径２マイクロメートル以下の微粒子と定義されている。直径２ミリメートルの砂粒の千分の一よりも小さい。岩や砂をハンマーでたたいたり、すり鉢でゴリゴリすり潰したぐらいでは粘土にはならない。岩が一度水に溶けて、そこから再び結晶となったものを粘土鉱物と呼ぶ。水の中に粘土が散らばると、味噌汁になったと錯覚するほど粒子が細かい（図８）。この粘土の働きによる土のネバネバは、地球の奇跡だ。

では、アームストロング船長が「とても、とても粒子が細かい」といっていた

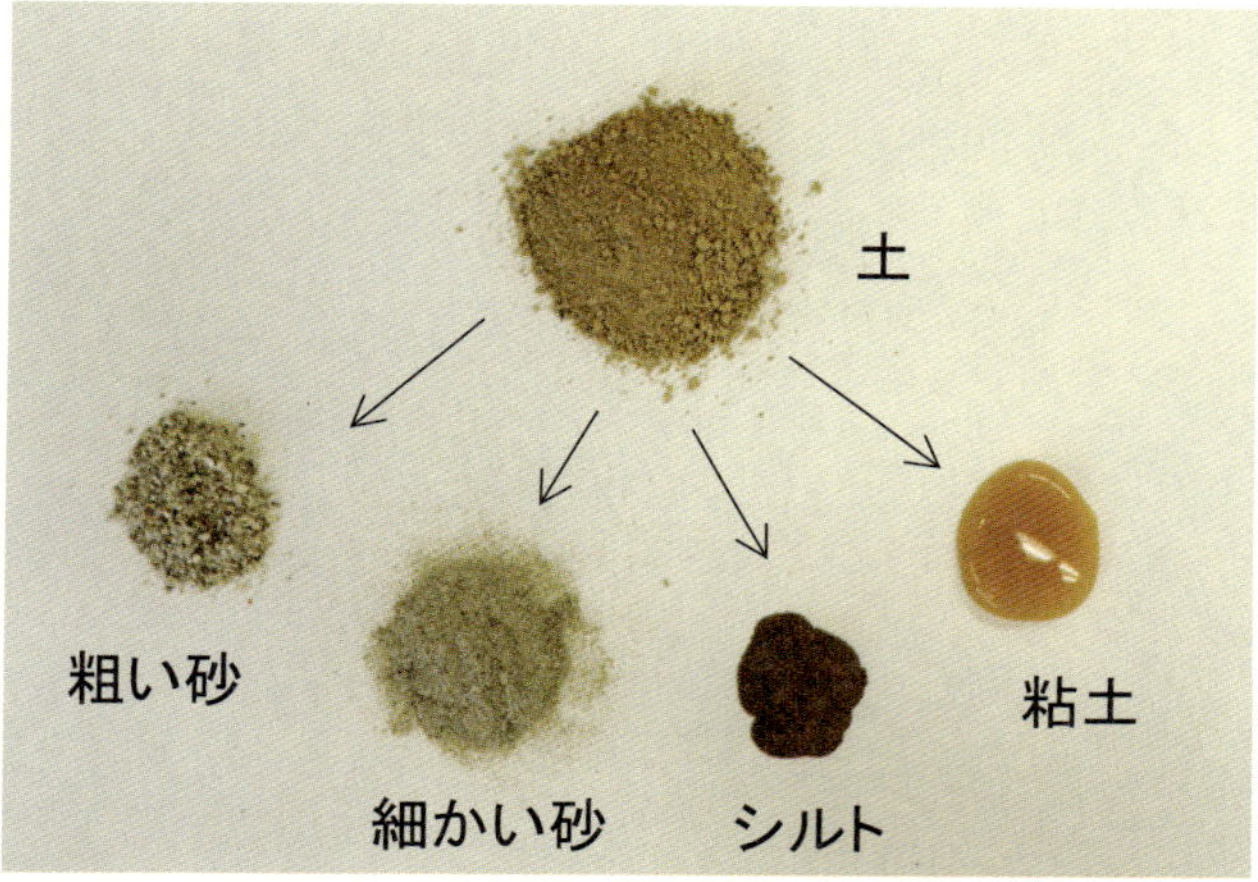

図８　土を分けると、砂（0.02㎜ -2㎜）、シルト（2μm -0.02㎜）、粘土（<2μm）からなる。

月の土粒子はどうだろうか。

実は、月でも岩は風化する。岩に含まれる鉱物粒子は、太陽からの光（熱）を受けて温まるため、昼間は膨張する。逆に、夜間は冷めて収縮する。膨張と収縮を繰り返す中で、鉱物の結晶粒子の岩石は徐々にもろくなっていく（図７）。これを機械的風化作用と呼ぶ。学園ドラマにたとえるなら、体育祭や文化祭を通して熱血先生と個性豊かな生徒たちのやる気に温度差が生じ、クラスの団結力にヒビが入る。場合によっては、バラバラになる。学園ドラマでは、再び新たなかたちで団結することもあるが、月ではそのままだ。花崗岩の場合、石英（白色）、長石（ピンク色）、雲母（黒色）

図9　落ち葉の下には腐葉土、腐植、それがさらに粘土と混ざったものと続く。

など異なる性格の鉱物粒子から構成されている。雲母は熱によって膨張・収縮しやすいが、石英はかたくなに変化しない。この結果、岩石はバラバラと分解し、石英や雲母などの鉱物粒子が堆積する。何億年もかけてゆっくりと風化した塵が堆積し、アポロ11号の到着を待っていた。

しかし、アームストロング船長にパウダーと形容された月の砂粒子の直径は100マイクロメートルであり、粘土粒子よりも50倍以上大きい粒子だった[5]。片栗粉や小麦粉のサイズ（数百

図10　新鮮な落ち葉（①）は微生物分解され、多くは二酸化炭素になる。微生物の食べ残しが腐植（③や④）となる。

マイクロメートル）に近い。粘土の多い土はネバネバした手触りがあるが、粘土が少なければ小麦粉のようなサラサラした感触になる。

水や酸素や生物の働きがないと、岩石は粘土にはなれない。月には粘土はなかった。粘土の有無が、地球の土壌と月の砂を分かつのだ。

火星には腐植《ふしょく》がない

月の砂は粘土がないので、地球の土壌とは違う。それでは、火星はどうだろうか？　火星の地表面は赤い。岩石の色を残した月の砂とはひと味違う。赤色は**ヘマタイト**と呼ばれる鉄さび（酸化鉄鉱物《さんかてっこうぶつ》）の色であり、れっきとした粘土である（図1、18ページ）。血（ヘム）を思わせる真っ赤な色が鮮やかだ。ヘマタイトは赤レンガの材料になるだけでなく、赤コンニャクや東京大学の赤門（もとは加賀藩上屋敷の門）を染める赤色顔料（ベンガラ）としても使われている。

現在の火星表面の土は凍っているが（−60℃）、かつて存在した水や酸素の働きによって粘土も存在する[6]。砂場で磁石にくっ付く砂鉄もあるし、そこから生まれた粘土（マグヘマイト）も見つかっている[7]。片道6カ月の火星旅行のチャンスがあれば、ぜひU字型磁石を携帯したい。ともかく、粘土が存在する点では、月の砂よりも地球の土に近い。

そんな火星の土にもないものがある。**腐植**だ（図9）。土の黒色の正体である。

腐植とは、その名の通り「腐った植物」に由来する。落ち葉や枯れ草や根といった植物遺体に限らず、動物や微生物の遺体やフンも材料となる。ただし、例に挙げたような生物遺体のままでは腐植とは呼ばない。新鮮な生物遺体が原形をとどめないほど細かく分解され、腐葉土となる。腐葉土はさらに変質して腐植となり、一部は粘土と結合する（図10）。古いものでは数万年前、氷河期のマンモスや縄文時代の炭に由来する炭素原子まで土の中に残っている。高度に発展した現代の科学技術を結集してもなお、複雑すぎて化学構造も部分的にしか分かっていない驚異の物質である。土の機能を工場で再現できない理由もここにある。

腐植をつくるレシピは、今のところ、土の中の無数の微生物しか知らない。微生物の巧み

図 11　土の微生物たち。地下にはキノコ（左）よりも大量のカビ菌糸（中央）や目に見えないくらい細いカビ菌糸、小さいバクテリア（右）が存在している[8]。

の業《わざ》は、夏の暑い日に冷蔵庫のコンセントを抜けば、実感できる。温度が上昇すれば、微生物が元気になる。肉にカビが生え、食べ物が腐るはずだ。肉が臭うだけならまだ序の口だが、やがて変な味がし、食べればお腹をこわすだろう。土の中でもこれと似た現象が常に進行している。小さな微生物が、巨大な陸上生態系を支える土壌の生成を一手に担っているのだ。

地球の土壌の中には、冷蔵庫とは比較にならないほど多くの微生物がすんでいる。スプーン一杯（5グラム）の土壌には、細菌（バクテリア）が50億個体もいるという。そこにはカビやキノコ（まとめて菌類）も同居していて、同じ5グラムの土に10キロメートルもの長さの菌糸を張り巡らせている（図11）。計測した研究者には頭が下がる思いだ。不名誉にも「バイキン」と一括されることもあるが、細菌と菌類は落ち葉を分解し、腐植へと変換している。もちろん、微生物それ自体は生きるためにエサを食べ、呼吸し、食べ残しや排泄物、死骸を残しているに過ぎない。その結果として、生物遺体やフンから栄養分（窒素やリン）がリサイクルされ、また新たな命を育む。

では、火星はどうだろうか？　そこには荒涼とした赤らんだ岩石砂漠が広がり、生き物らしいものは見えない（図1、18ページ）。ただし、視覚による観察は思い込みや先入観を生みやすいため、数字による検証も必要だ。NASAが火星探査機を送り込んだバイキング計画では、生物の存在を調べる実験が無人で行われた[9]。アミノ酸の炭素成分を放射性同位体^{14}C（原子量が12ではなく、14ある変わり者の炭素）で標識（色付け）したものを火星の土に添加し、微生物の代謝活動によって放出される二酸化炭素（$^{14}CO_2$）を追跡した。これによって火星の大気の大部分を占める二酸化炭素（$^{12}CO_2$）と区別できる。この手法はトレーサー試験と呼ばれ、私がスウェーデンの先生に頭を下げて弟子入りし、直々に教えてもらった技術だ。それを、なんと火星探査機・バイキング号は自動化してしまった。NASA、恐るべし。

さらに驚いたことに、火星の土へ添加したアミノ酸は、数十分後、二酸化炭素へと変化した。何者かによって分解されたのだ。生物の存在を示す証拠だと地球（NASA）は大騒ぎだ。しかし、解釈は簡単ではなかった。アミノ酸の分解は、生物なしでも起こりうるため、生命の存在を示す証明とはならなかったのだ。しかも、火星で進化した微生物が、地球の微生物と同じ代謝システムを持っているとは限らない。ミステリーとロマンを残したまま、課題は次の世代に託された。というと聞こえはいいが、端的にいうと実験は失敗した。それでも、地球に存在するような炭素を多く含む微生物や腐植らしきものは見つからなかったのは確かな事実だ。やはり、火星に土壌はない。１００億人を養う土があるとすれば、それは今のところ、地球にしか存在しない。

ＮＡＳＡと私のアピール力や研究対象の派手さの違いゆえに、同じ実験を地球の土でやってもニュースにはならない。同様の懸念は５００年前、「最後の晩餐《ばんさん》」で知られるルネサンスの巨匠、レオナルド・ダ・ヴィンチも指摘している。

「我々は天体の動きについての方が分かっている、足元にある土よりも」

火星に目を向ける前に、この地球《ほし》の土に１００億人が生存できる可能性を信じたい。

細かい土と素敵な地球

しばらく火星と月と地球のあいだをうろちょろしたが、ＮＡＳＡの広報活動とは関係ない。

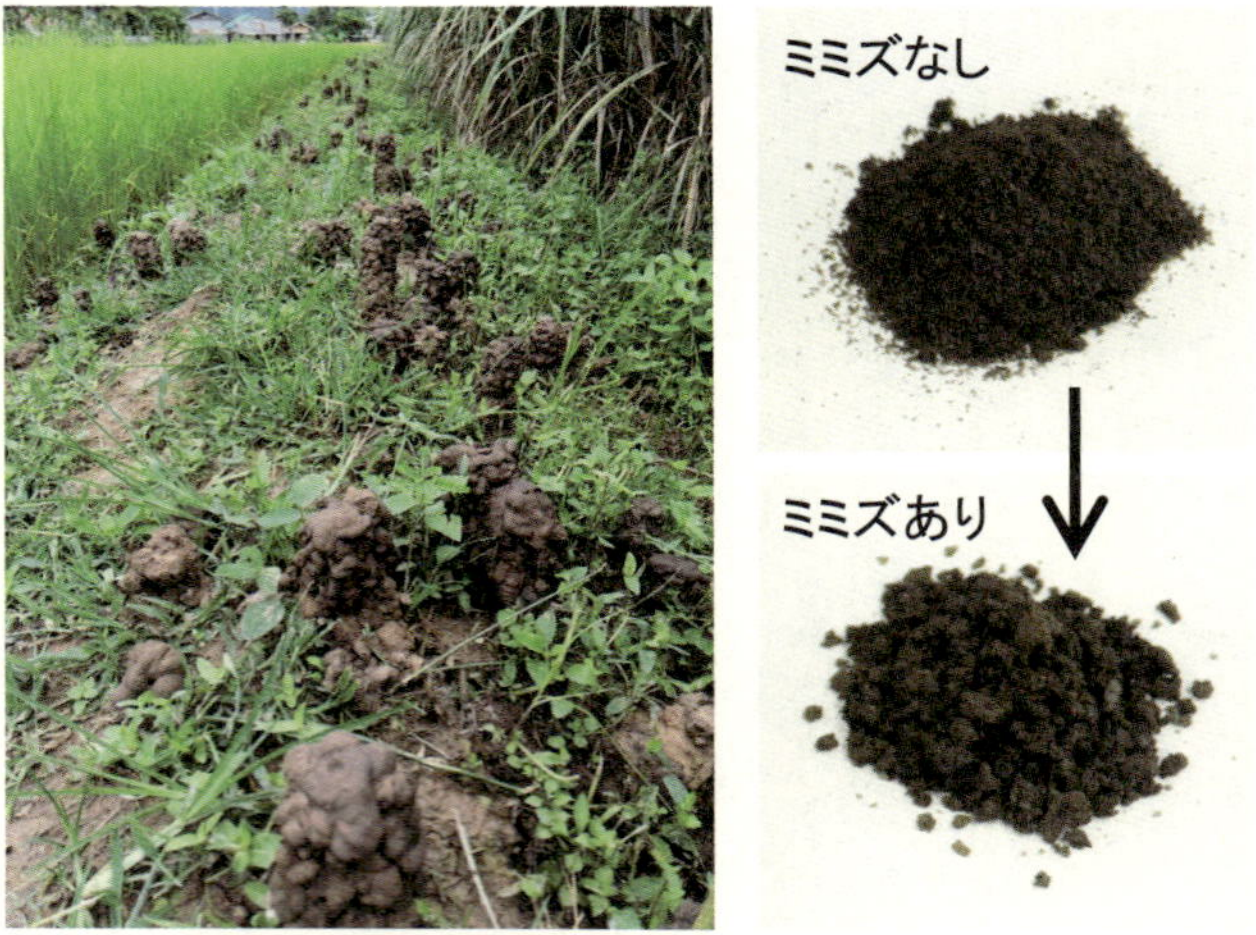

図12　タイで見つかった巨大ミミズのつくる巨大フン塚（左）とミミズのフン塊（右下）。

これまでの話をまとめると、月には粘土がなく、火星には腐植がない。それに対して、粘土と腐植のある土、それが地球の土ということになる。英語では土をearth（≒soil）ということもある。土壌学の専門用語では、fine earthは「素敵な地球」ではなく、「2ミリメートル以下の細かい土」を意味する。言葉遊びのようだが、月や火星にearthはない。

地球でも、火山が噴火してできたばかりの島（たとえば西之島）や岩がむき出しのところには、土壌はない。あるのは、土壌の材料である火山灰や岩だけだ。ここに植物が育ち、やがてその遺体から生まれた腐植と火山灰や岩の風化によって生まれた粘土が混ざることによって土壌ができる。混ぜ込むのは、ミミズやアリ、ヤスデ、ダンゴムシの仕事だ。

ミミズは腐植と粘土を混ぜて食べるため、そのフンはころころした土壌の塊（団粒《だんりゅう》）となって団結する（図12）。ミミズの腸内の粘液にはヒアルロン酸、コンドロイチンといったムコ多糖が含まれる。ムコはラテン語で粘液（ネバネバ）の意味で、ナメコのヌルヌル、納豆のネバネバ、魚のヌメヌメのことだ。ミミズの粘液のネバネバがバラバラだった土壌粒子を団結させる。これによって、土壌は単なる粉末の堆積物ではなく、無数の生物のすむ、通気性、排水性のよい土となる。これが地球の土だ。

人も土も見た目が八割

食材の産地を訪ねるテレビ番組で、農家のおじさんが「この土はいい」という時、必ずといっていいほど、手にとった土をこねる。あの手で瞬時に化学分析をしているわけではなく、色と手触りの違いをたよりに土の肥沃さを判断しているのだ。土の色や手触りは、肥沃な土とどう関わるのだろうか。

風景画の背景の土を塗るとき、子供の頃の私は迷わず黒色の絵の具を選んだ。日本人なら

「黒色」「こげ茶色〜黄土色」「灰色」を思い浮かべる人が多いだろう。黒色と答える人は、北は北海道、東北から関東、九州まで日本全国にいる。赤色を選ぶ人は、沖縄や小笠原諸島に多い。世界を見渡せば、アフリカ中央部の子供たちは赤色の絵の具を手にとる。中国の黄土高原の子供たちは黄色、スウェーデンの子供たちは白色の絵の具を選ぶ（図13）。私たちの潜在意識には、確かに土の記憶が存在する。

色は、土の性質をつかむ上で重要な手がかりだ。土の構成成分のうち、**腐植は黒色**、**砂は白色**、**粘土は黄色や赤色**である。土の色は、腐植、砂、粘土の量のバランス、粘土の種類によって決まる。

腐植の多い日本の火山灰土壌は黒くなりやすい。腐植は光を吸収する炭素の二重結合（主に芳香族《ほうこうぞく》化合物）を多く含むためだ。炭素の二重結合を分解するには多くのエネルギーを要するにもかかわらずおいしくもないため、微生物たちに敬遠され、土壌中に残存しやすい。甲子園の高校球児の白いユニフォームが黒く染まる理由である。球児たちの聖地・甲子園の土は、鹿児島県や鳥取県大山の黒土に砂を混ぜてつくられている。もちろん、持ち帰る土には、白球の記憶も入り交じっている。

茶褐色から黄土色を想像するのは、土に腐植と粘土が多いからだ。ジメジメした日本では、

図13　さまざまな色を持つ土。12種類ある。一つひとつの名前と特徴はあとで詳しく紹介する。ひび割れ粘土質土壌の代わりに、日本人になじみ深い水田土壌を示した。

赤色よりも黄土色の鉄さび粘土（ゲータイトやフェリハイドライトといった酸化鉄鉱物）が多い。ネバネバした手触りだ。沖縄、小笠原諸島、東南アジアやアフリカなどの熱帯・亜熱帯地域の土が赤色になるのは、火星と同じくヘマタイトと呼ばれる鉄さびが多いためだ。フライパンで焼いたり乾燥させると鉄さびは赤くなる。アフリカのライオンと聞けば、赤土の大地で乾いた風にたてがみをなびかせた姿を想像する理由である。さだまさしの名曲「風に立つライオン」の影響もあるかもしれない。

黄土高原やスウェーデンの土が黄色や白色になる理由は、腐植や粘土が少ないためだ。とくに鉄が少ない。砂粒が多いと、土は白く見える。ザラザラした手触りだ。

私たちが知っている土の色の違いは、その素材の違いを反映している。色と手触りをもとに、フカフカした黒い土を「この土はいい」ということもあるし、真っ白な砂漠の土や赤土をとって「不毛」だとか「貧栄養」だと断じることもある。見た目の直観は八割がた正しい。

土の性質を決めるものは、腐植と粘土の量、粘土鉱物の種類である。ネバネバした土をとって「肥沃だ」と判断する根拠には、粘土や腐植の水持ちのよさ（保水力）と養分を保持する能力がある。

土に植物が育つわけ

タネをまき、水と肥料をやれば、植物が育つ。最も基本的な土の機能だが、実は粘土と腐植の不思議な力を示している。プランター（植木鉢）にジョウロで水をやり過ぎると、プランターの下から水が漏れ出てくる。地球上のすべてのものに重力が働くという万有引力の法則である。水は低い方へと流れるのだ。ところが、幸いにも、すべての水が流れ落ちることはなく、水は土を潤す。雨水もジョウロの水も、植物にとっては命の水となる。なぜすべての水が重力に従って流れ落ちてしまわないのだろうか？　ここには粘土の力が関わっている。

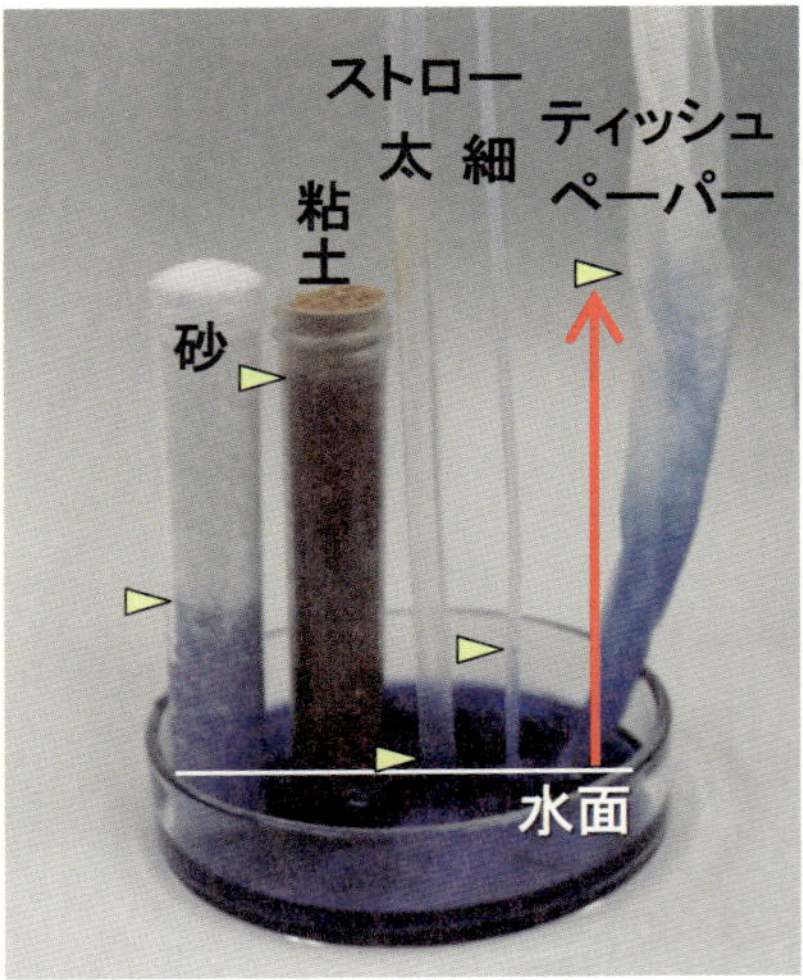

図 14　水を引き上げる力比べ。細い管ほど水を引き上げる力が強い。

コップに水を注ぐと、コップの壁面にそって水面が高くなる。これは水の表面張力である。中学校の理科のテストでメスシリンダーに入った水の量をはかるとき、水の壁面の高さではなく

図15　水をはじく土。乾燥した腐植は、撥水性を持つ。

中心の水面で目盛りを読まないとバツになった理由だ。コップの水面にストローを入れると、細いストローの中だけ水面が高くなることを観察できる。これは毛細管《もうさいかん》現象と呼ばれ、巨匠・レオナルド・ダ・ヴィンチが発見した不思議の一つだ。ストローの半径が小さいほど、水面は高くまで持ち上げられる（図14）。

土の中には無数の粒子があり、粒子と粒子のあいだには無数の隙間がある。これは、ものすごく細いストローが束になっている状態に似ており、土粒子の隙間には重力に逆らって水を保持する力が生まれる。深さ1メートルの土の中には、おおよそ2カ月分の雨水（200ミリメートル）が保持できる。これを土の保水力という。粘土が多いほど、土の中に〝極細ストロー〟が多くなり、保水力は大きくなる。逆に、砂の多い土では保水力が小さいため、乾燥しやすい。砂地が「不毛」という評価になる一因である。

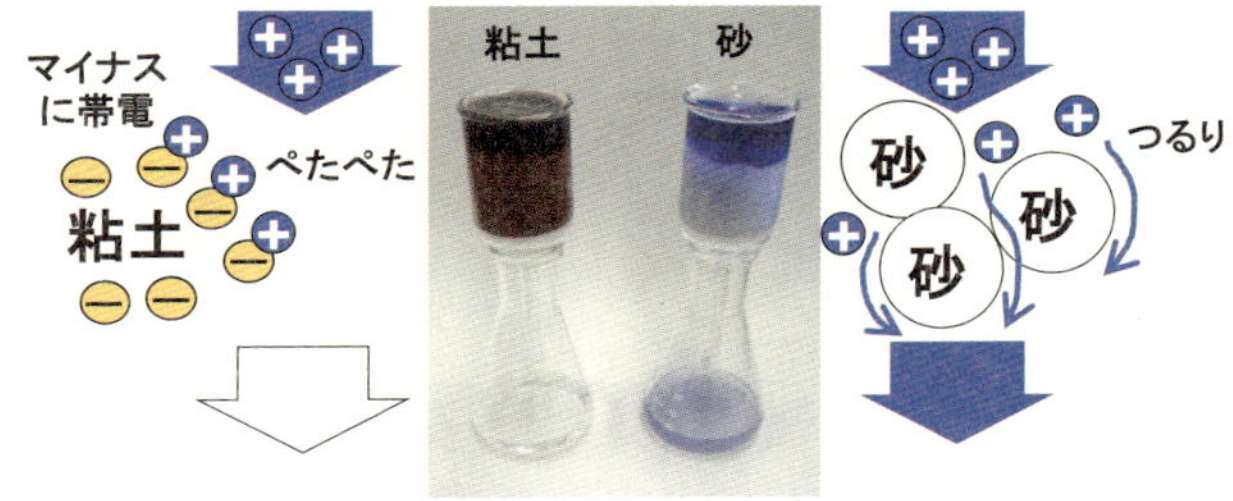

図 16　青い水の色素（プラス電気）を吸着する粘土（マイナス電気）。粘土の少ない砂質土壌（右）では青い色素が通過するが、粘土質土壌（左）では青い色素が吸着・ろ過されて透明な水が滲み出す。

腐植はどうだろうか？　腐植には、相反する二つの顔がある。ジョウロで乾いた土に水をやった時、なかなか水が浸み込まないことがある。大きな水滴が浸み込まずに横にこぼれていったという経験のある人もいるだろう。腐植には水をはじく性質がある（図15）。これは、新品の雨傘や赤ちゃんの肌が水をはじくのと同じで、撥水《はっすい》機能という。乾いた腐植もまた、優れた撥水機能を持つ。突然の雨が乾いた土に降ると、森の土にうまく水が浸み込まず、斜面を雨水が流れ落ちて川に流れ込む。これが、豪雨の後、急激に川が増水する一因だ。

　それでも、一度湿ってしまえば腐植も水となじむ。腐植の保水力は高く、スポンジのように水を吸収する。腐植と粘土を含む土壌が一体となって水を保持し、植物へ、そして下流の私たちへと少しずつ水を供給してくれている。森の土が緑のダムと呼ばれる所以《ゆえん》である。粘土や腐植が多い土ほど、保水力の高い肥沃な土となる。

電気を帯びた粘土の神通力

粘土の多い土が肥沃だといわれる理由は、保水力だけではない。土にまいた肥料が雨に流されることなく植物に届く理由も、粘土がカギを握っている。

試しに、青色の色水を土に注いでみよう。すると、砂だけの土ではそのまま青色の水が排出されるが、粘土の多い土ではろ過されて透明な水が排出される（図16、39ページ）。これは、粘土粒子の静電気力によるものだ。粘土粒子の持つマイナス電気にプラス電気を持つ青色色素イオンが引き付けられ、くっ付く。吸着という。似たような仕組みは、飲み水をきれいにする水道の浄水器に利用されている。

カルシウムやマグネシウム、カリウムなどの植物に必須な栄養分は、水の中でプラス電気を持つイオンとなる。多くの粘土はマイナス電気を帯びており、プラス電気を帯びたイオンを引き付ける。同じく植物に必須なリンは、水の中でマイナス電気を持つリン酸イオン（$H_2PO_4^-$）となる。鉄さび粘土や腐植はマイナス・プラス両方の電気を持つため、リン酸イオンも吸着できる。これが、粘土の多い土が養分を多く保持できる仕組みである。

薬にも化粧品にもなる粘土

粘土は鉄さびだけではない。地球の表層に多いケイ素（ガラスの主成分）とアルミニウムの組み合わせの比率によってバーミキュライト（園芸用土壌）、スメクタイト（下痢止め）、カオリン（陶器、白粉、湿布）、雲母（マニキュアのラメ）といった多彩な粘土となる（図17）。粘土は、その種類によって粘り具合と電気の量が大きく違う。粘土の量や種類によって土壌の性質が大きく変わる。

少し難しいので、擬人化して紹介しよう。一人では寂しがり屋なケイ素は、アルミニウムをパートナーとして求める。それぞれが異なる個性（酸素イオン〈O^{2-}〉やヒドロキシ基〈OH^{-}〉を伴ったシート構造）を持つが、お互いに歩み寄ってひし餅のように重なり合う。その鉱物の表面が光を反射するため、粘土は見た目にもキラキラと輝く。

ケイ素シートとアルミニウムシートが一枚ずつ結合した鉱物を**カオリン**という。景徳鎮《けいとくちん》（中国）や瀬戸焼の陶磁器の材料になる。一夫一妻型（アルミニウム：ケイ素＝1：1）のカオリンは、世界中で最も普遍的な粘土だ。結合して安定化すると社交性（反応性）は低下する。この性質を利用して、肌を滑らかにする白粉やファンデーション、湿布の材料になる。

ケイ素の割合がアルミニウムよりも多い環境では、一枚のアルミニウムシートのところに二枚のケイ素シートがやってくる。その結果、アルミニウムシートをケイ素シート二枚がサンドイッチした状態で結合する。一夫多妻型である。これを禁止する法律は土壌中には存在しない。その結果できた粘土には、雲母、バーミキュライト、スメクタイトがある。

雲母は、花崗岩に黒い粒々として見ることができるが、土の中では風化して、より細かな粘土になる。サンドイッチ構造の表面はマイナス電気を帯び、カリウム（K^+）を引き付けている（図17）。化粧品のマニキュアのラメの材料となり、女性をキラキラと輝かせている。実際に輝いているのは粘土だ。雲母という言葉の響きが渋すぎるせいか、成分欄には英語名で「マイカ」と記載されていることが多い。雲母は風化すると、植物の必須養分であるカリウムを放出してくれる。福島原発事故で放出されたセシウムを強く吸着し、植物の汚染を軽減してくれているのも雲母の働きだ。雲母は、植物と女性の味方である。

バーミキュライトは、園芸用の培養土の中でキラキラしている鉱物のことだ（図17）。土の中では目に見えないほど細かいが、やはりキラキラした粘土粒子として存在する。構造は雲母とそっくりで、表面に帯びたマイナス電気によってカルシウムイオンなどを引き付けている。園芸用に重宝されるのは、土の栄養分を保持する働きが強いためだ。

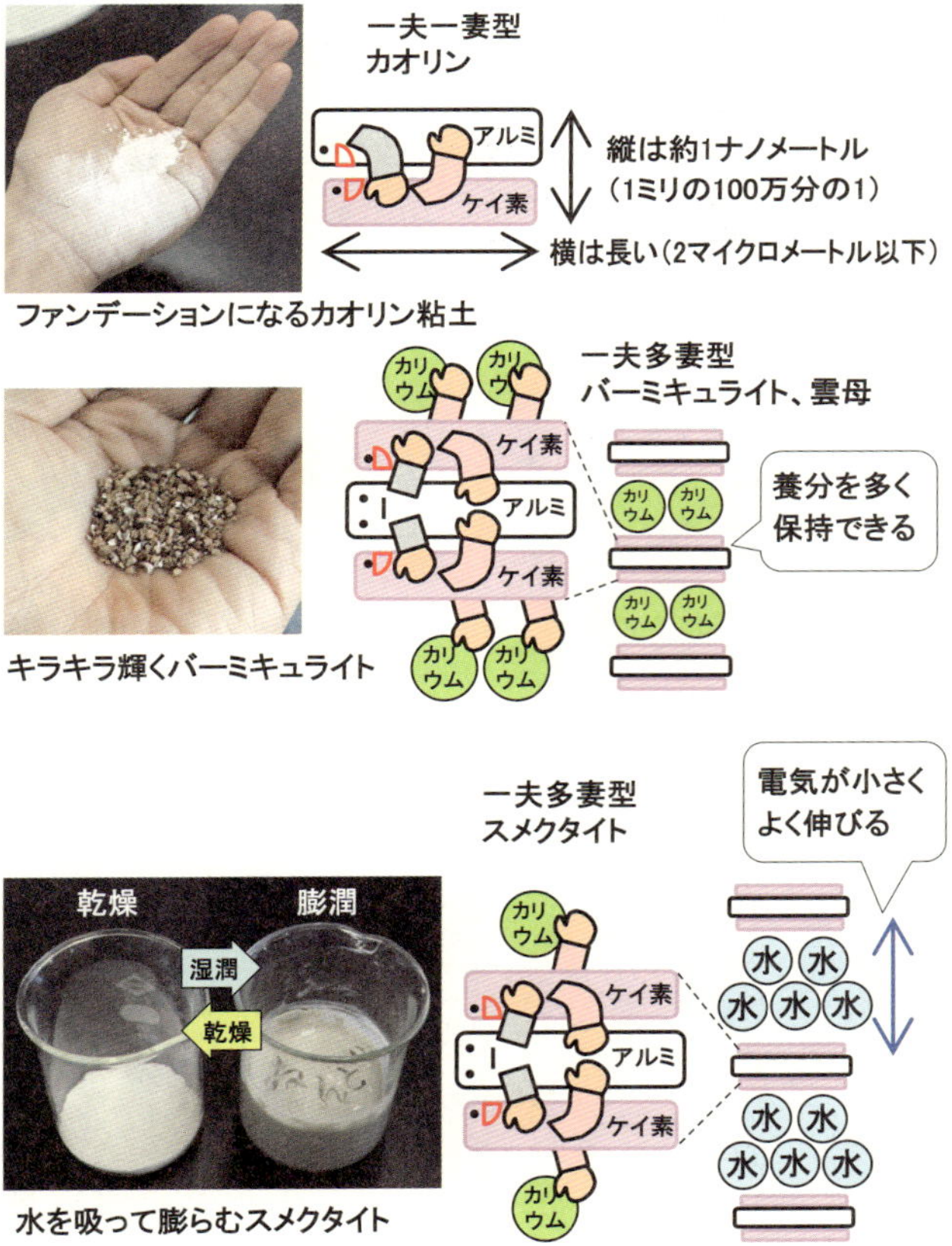

図 17　多彩な粘土。反応しやすい手（マイナス電気）が多いほど、養分を保持できる。

スメクタイトも同じ構造だが、マイナス電気が弱く粘土どうしの結合力が弱い。その隙を狙って水が入り込む。スメクタイトは水を吸収すると膨張し、乾くと脱水されて収縮する。これが下痢に効くのだ（図17）。猫のトイレに使われる猫砂もスメクタイトであり、尿を吸着することで脱臭にも一役買っている。

風化によって生まれた粘土も不老不死ではなく、さらに風化する。これは生物ならば老化にあたる。最も多い風化パターンが、ケイ素がアルミニウムと別れて地殻や海に帰るケースだ。ケイ素のサンドイッチ状態だったバーミキュライトがケイ素を一つ失うとカオリン粘土（一夫一妻型）になり、さらにもう一つケイ素を失うと、アルミニウム酸化物（ギブサイト）の独り身になる。同じく独り身の鉄さび粘土（ヘマタイト）とともに老後を過ごす。

同じケイ素の酸化物でも、最初からアルミニウムに関心を示さないものもある。石英は自己完結型の防御構造を持っていて、他と反応もしないかわりに風化もしにくい。土の中では、白い砂粒として単独行動する。石英の美しい結晶は水晶として知られ、クォーツ（石英）時計に使われている。

日本の火山灰土壌には、**アロフェン**と呼ばれる不思議な粘土がある。素材は雲母と同じケイ素とアルミニウムの酸化物だが、規則的なひし餅構造を持たない（図18）。バラバラに細

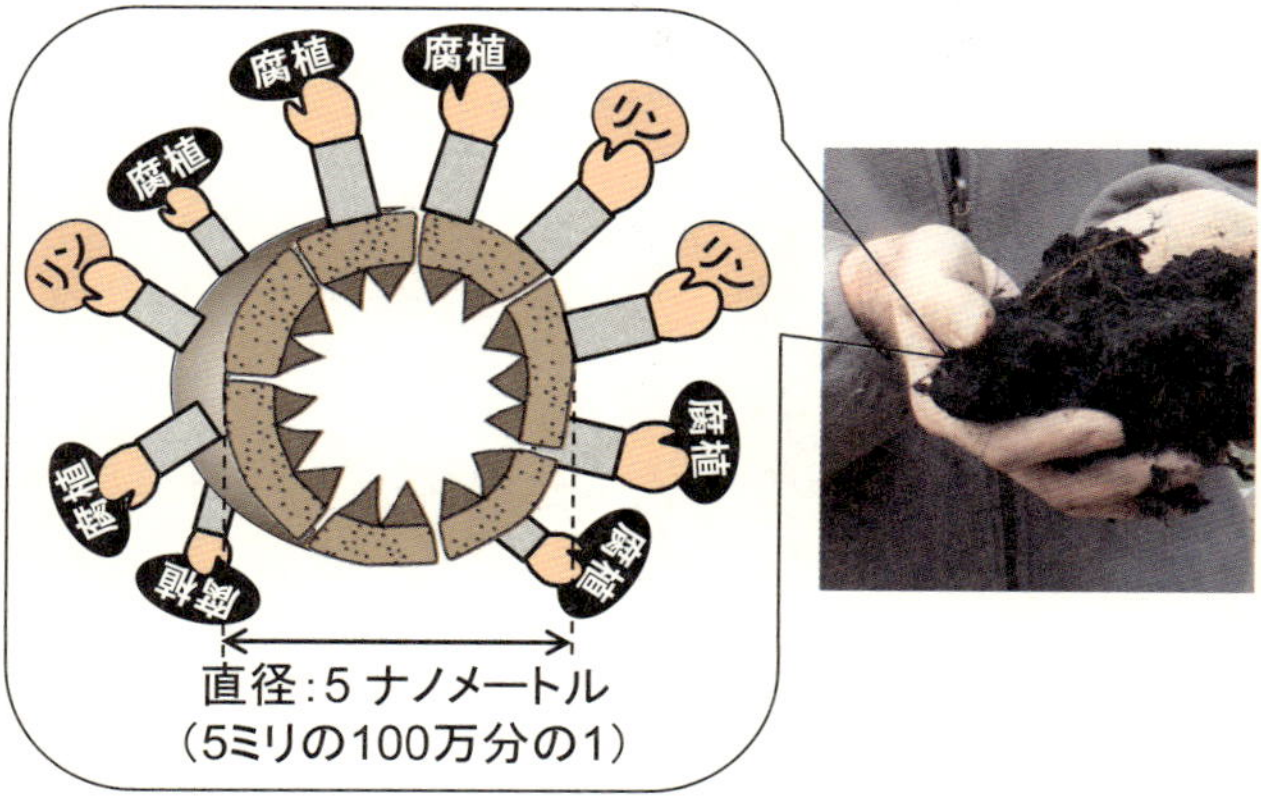

図18　黒ぼく土に多い粘土（アロフェン）。阿修羅のように反応しやすい手（吸着力）がある。酸性条件で腐植やリン酸の吸着力が高まる。

切れになっているだけでなく、中には空洞もある。とにかく粒子が細かいので、反応する表面積が広い。これは、料理でみじん切りの野菜に味が浸み込みやすい原理と似ている。園芸用土の鹿沼土《かぬまつち》（赤城山から噴出した軽石が風化した土）が高い保水力を持つ理由である。腐植など他の物質とも反応しやすい。腐植を多く吸着すると火山灰土壌は黒くなる。甲子園の球児のユニフォームや泥遊びした子供の手の黒い汚れが簡単に洗い落とせない理由である。多彩な粘土の量と種類によって土の性格が決まる。

植物工場で100億人を養えるのか

これまで土の強みとして紹介してきた粘土だが、それは同時に弱点でもある。光と水と栄養分を潤沢に供給して野菜を育てる、植物工場と比較しよう。土のない植物工場と野外の露地栽培では、圧倒的に植物工場の方が速く大きく植物が育つ。土は植物工場に勝てない。「土が野菜の成長の足かせなんじゃないか」という人までいる。これは一面では事実なのだ。作物の品種改良やバイオテクノロジーの発達は、植物の生産能力を限界まで高めた（図19）。その結果、土の融通の利かなさがクローズアップされている。これは土を研究する者としてはショッキングな事実だ。

図 19　エノコログサ（猫じゃらし）から品種改良された多様なアワ（粟、雑穀の一つ）の多様性。The Millet Project 提供。

植物工場が１００億人分の食糧を供給してくれるなら、土に固執する必要はないかもしれない。しかし、植物工場は肥料もエネルギーもたくさん消費する。植物工場で仮にコメをつくったとしたら、さぞ高価になることだろう。今でも経済格差が食糧の不均衡を生んでいるのだから、この仕組みで１００億人を養えるとはとても思えない。それは火星の農業にもあてはまる。

不器用な土にも魅力がある。露地栽培では植物工場ほど肥料を必要としない。植物工場で

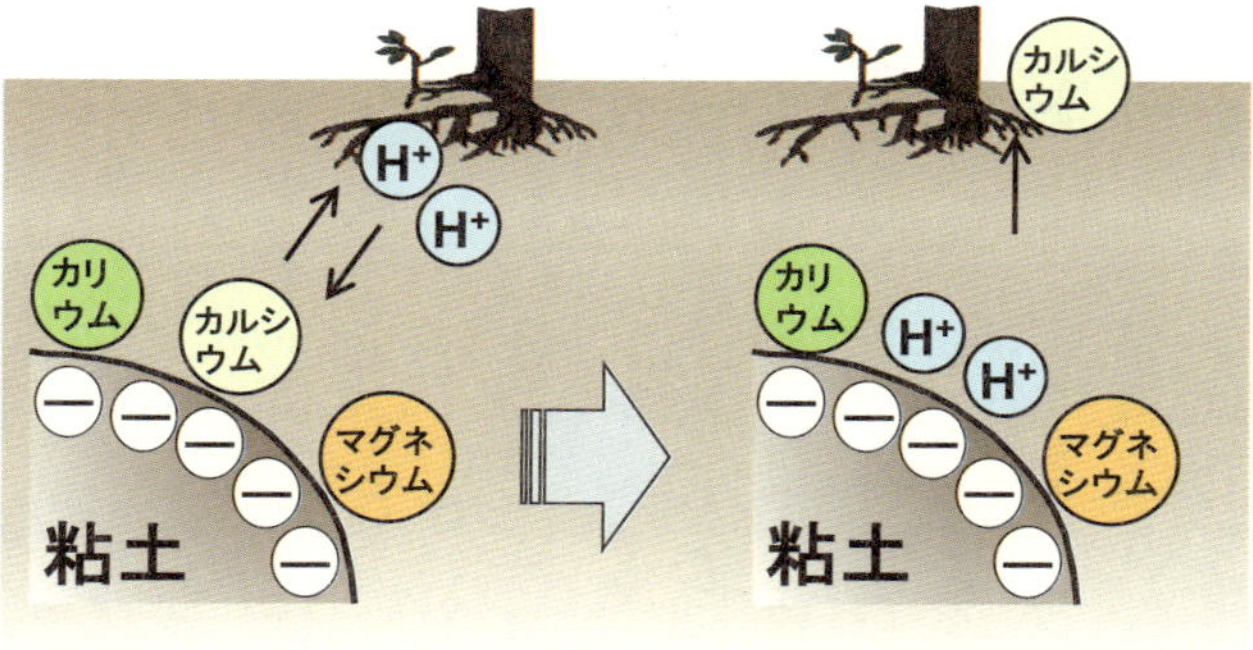

図20　植物にゆっくり養分を放出する粘土。植物が水素イオンを放出し、粘土のマイナス電気にくっ付いたカルシウムイオンなどと交換して、吸収する。

１日でも肥料をケチれば野菜は文句をいう（しおれる）が、露地栽培では数カ月おきに肥料をやりさえすればよく育つ。野菜は、根から水素イオンを放出し、粘土にくっ付いたカルシウムイオンと交換する。そして、溶け出てきたカルシウムを根から吸収する。粘土は、ゆっくり養分を放出する銀行的役割を担っている（図20）。貸し渋りはあるけれど、利子はない。

粘土のマイナス電気をめぐってプラスの電気を持つ栄養分（例えば、カルシウムイオン）が代わる代わる吸着する椅子取りゲームを、イオン交換反応という。椅子の数が多い土の方が養分をたくさん座らせることができる。つまり、腐植や粘土が多い土は栄養分が多くなりやすい。黒い土やネバネバした土が肥沃だとされる理由である。逆に、腐植が少ない白い土や赤い土は、栄養分に乏しいことが多い。

少し長くなったが、肥沃な土の条件が明確になった。粘土と腐植に富み、窒素、リン、ミネラルなどの栄養分に過不足なく、保水力が高いと同時に排水もよく、通気性もよい土壌。注文の多い私たちに、土もさぞやビックリしていることだろう。条件がたくさんあって混乱するかもしれないが、ミミズや植物の気持ちになってみれば、共感できるものばかりだ。作物の生産能力を最大限に発揮できる土壌の発見は、１００億人の生存にむけた近道になる。

世界の土はたったの12種類

「土は見た目が八割」と豪語したが、見た目だけで判断すれば、二割は間違うことになる。そうでなければ、専門家は必要ない。

昆虫や植物などの生物に分類上の名前があるように、土にも名前がある。生物の場合、今のところ知られているだけで、昆虫は75万種、植物は25万種、キノコは7万種もいる。これは学名を与えられた種数に過ぎず、未発見の名もなき生き物たちは星の数ほどいる。さて、土にはいくつ種類があるのだろうか？

実は、土は12種類しかない。熱帯雨林を調査するたびに新種が発見され、種数を増やす昆虫や植物の世界とは少し事情が異なる。植物の名前を覚えようとして挫折した人間でも、12

種類なら覚えられる。12という数字は、プロ野球の球団数と同じだし、サッカーの出場選手11人より少し多いだけだ。地味な土を研究対象としたことは、間違いではなかったと確信した。

土に近代科学のメス（スコップ）が入るようになったのは、「土壌学の父」ドクチャエフ（ロシア）が活躍した１５０年前のことだ[10]。彼の少し前を生きたチャールズ・ダーウィンが生物の進化論を打ち立てたことに触発されたという。「土壌の材料となる岩石（地質）や地形、気候、生物、時間という五つの環境条件によって、土も変化する」ことを発見した。穴掘り名人たちが世界中の土壌を調査し、類似する土壌を大胆にまとめていくと、世界の土はたったの12種類になった。農業利用のためではあるが、ずいぶん大胆に分けたものだ[11]。

もちろん、細かく見ると、同じ土は一つとしてない。それはヒトと同じだ。それでも、ある程度似た土はある。例えば、ウクライナのチェルノーゼム、北米のプレーリー土、中国東北部の黒土（黒鈣土《ヘイガイトウー》）、南米のパンパ土は違う言語や地域名を背負っているが、土そのものはとても似ている。乾燥した草原に発達する肥沃な黒い土だ。小麦のタネをまけば、穀倉地帯となる。肥料のやり方も水やり（灌漑《かんがい》）の方法も似ている。これをひとくくりにして名前を付けて管理するのが土の分類である。

12の土には小難しい名前があるが、ここでは色で大まかに分けると、黒い土が三つ、赤い土が一つ、黄色い土が一つ、白い土が二つ、茶色い土が一つだ。残りの4種類の土は土の色と関係なく、凍った土、水浸しの土、乾いた土、そして何の特徴もない〝のっぺらぼう〟な土だ（図21）。

世界で最も肥沃な土として名高いチェルノーゼムなら、知っている人もいるかもしれない。あとは、よく分からない。園芸店に並ぶ腐葉土や鹿沼土はどこにいったのか？　12種類の土の違いは何か？　どうして違う土が生まれたのか？　地理の教科書を読んでも、よく分からなかった。実はまだ分かっていないことが多いのだ。

すでに分かっている重要なことは、「肥沃な土」という名前の土はなく、12種類のどこかに散らばっているということだ。まずは自分の目で実物を見て、12種類の土を知るしかない。大学4年生になっていた私が選んだのは、土壌学研究室。ようやく肥沃な土を探す旅が始まろうとしていた。

図21　12種類の土壌の関係。アメリカ農務省の土壌分類に基づく。

第2章

12種類の土を探せ！

土のグランドスラム

12種類の土、すべてを見たい。土を研究する者にしか理解できない夢だ。テニスでいえば、4大大会のクレイコート（全仏）、グラスコート（全英）、ハードコート（全米、全豪）という異なるサーフェスすべてで優勝するグランドスラムに相当する。名選手、ロジャー・フェデラーの相棒がラケットなら、こちらはスコップである。地味さで右に出るものはない。「すべての土を集めれば、どんな願いでも叶う」という漫画のようなストーリーがあるわけでもないのに、前途洋々たる未来が待っているように思っていた。

ところが、である。12種類の土の在り処《か》を記した世界地図（口絵1）を見ると、日本はいくつかの色でべったりと塗り潰されているに過ぎなかった。つまり、その他の土と出会うためには、高所恐怖症であることを忘れて飛行機に乗らないといけない。土によっては、近くに町すらない。卓球部と将棋部をハシゴして少年時代をすごしたインドア派には、すべての土を見るために探検家まがいのことをする覚悟まではなかった。大誤算である。自らの選択の末に、世界を渡り歩くことになった。

勇気はないが、やる気はある。カバンにつめこんだのは、長靴とスコップだけだ。12の土をめぐる旅を始めよう。

裏山の土から始まる旅

威勢よく「旅」といったが、旅をするにもお金がいる。この場合は、研究費だ。用意すべきものは、長靴とスコップだけではなかったのだ。周りの同期生がさっそうと外国へ調査に行く中、私の調査地は大学近くにある、節分祭の豆まきで有名な、吉田神社の裏山だった。

図22　照葉樹林では、木の葉が光を漏らさないように空を覆う（京都市吉田山）。

最近では高校生の科学クラブですら砂漠化を食い止めるとか、熱帯雨林の減少を止めるという大きなテーマを掲げ、どんどん海外調査を経験しているが、私の研究テーマは裏山の「土の成り立ち」だった。誰に強要されたわけでもない、自分で選んだのだ。足元の土さえ理解していない人間に100億人の土の未来を語る資格はない。巨匠レオナルド・ダ・ヴィンチの教えに従った。というと聞こえがいいが、お金もないし、まずは手始めに、身近な日本で土がどのように誕生するのかを解明しようと甘く考えていた。

大学の研究室から徒歩で5分もかからない裏山での

図23　未熟土（左から京都市吉田山、スイスアルプス）。

調査など、散策程度のものと侮っていた。神社の神主さんに挨拶した後の調査も一人きりだ。しかし、散策コースを一歩外れると、そこには真っ暗な照葉樹林が広がる。シイやカシといったドングリをつくる樹木が光をめぐって葉や枝を伸ばし、光を遮蔽《しゃへい》してしまう（図22）。神々しいというこどもできるが、不気味といった方が正確だ。しかもそこには、ものすごい数の蚊が待ちかまえていた。その後、世界中で蚊に刺される調査の機会を得たが、蚊の大きさと痛さで裏山を上回る場所を私はまだ知らない。蛇足だが、ムカデも多い。そして、急斜面が多く、何度も滑り落ちる。裏山はけっして甘くなかった。

急斜面を登りつめて最初のスコップをさし込むと、すぐ下は岩石だった。岩の上にはわずか5センチメートルほどの土壌があるだけだ。これを**未熟土**《みじゅくど》という（図23）。12種類のうち、最初に出会った記念すべき土壌は未熟土だった。

図 24　若手土壌（左から京都市吉田山、京都府丹後半島、新潟県苗場山）。左から右へと、土堀りもだんだん上手になっている。

大人がかつてみんな赤ちゃんだったように、すべての始まりは岩石、そして未熟土だ。急な斜面の上では私だけでなく、土も踏ん張れずに風雨に削られる。これを土壌侵食という。雨に土が流される侵食（水食）もあれば、風に土が飛ばされる侵食（風食）もある。

ちなみに、日本では侵食を「浸」食と間違える人が多い。マスコミや専門家ですら誤用が頻発する憂慮すべき事態だが、これは学校で土を教わることがない弊害であり、雨の多い地域に暮らす日本人の癖でもある。未熟土では、岩石が風化しないわけではなく、土が生まれるとすぐに流されてしまう。破壊と創造、という言葉があるように土が若返りを絶えず繰り返しているのが、日本の山の土の特徴だ。流出した土砂は山を下り、平野部に堆積している。遺跡の多くが大量の土砂に埋もれているのがその証拠だ。

幸先は良くなかったが、斜面の中腹部には立派な土壌があった。岩石に到達するまで深さ1メートルの土がある。落ち葉や根を含む腐植層の下には、ただただ褐色の粘土質な土壌が続く。未熟土が成長したものだ。これが、二つ目の**若手土壌**である（図24）。何の変哲もないこの茶色い土を、日本では褐色森林土と呼ぶ。

どうして日本の土は酸性なのか

研究対象が何の変哲もない裏山とあっては、研究内容が面白くないと話にならない。調査を始めて気付いたことが二つあった。一つ目の発見は、土は静かな無生物ではないということだ。落ち葉を一枚めくると、フカフカした腐葉土のベッドの上で、無数の生き物が賑やかに活動している。ナメコが顔を出したかと思えば、木の根や微生物の菌糸が縦横無尽に張り巡らされている。私たちが生きるために呼吸をしているように、植物の根も微生物も二酸化炭素を放出している（土壌呼吸という）。とくに蒸し暑い日本の夏には、食欲旺盛な微生物によってものすごい量の二酸化炭素が土から放出される。この後世界中で測定する機会があったが、日本の裏山の夏を超える数値を見たことがない[12]。

図25　酸性土壌に育つトウモロコシ。石灰なしで枯れそうになっている（手前）。奥では石灰施肥したトウモロコシが笑っている。

もう一つの発見は、土が驚くほど酸性だということだ。土の水に差し込んだpHメーター（酸性やアルカリ性の指標、pH7が中性で、それより値が低いほど酸性を表す）の数値は、4を示した。レモン水レベルの酸性だ。「日本の土は、火山の亜硫酸ガスがあるから酸性だ」と解説するテレビ番組もあったが、それは火口付近に限られる。「都市部では酸性雨が降っているから当たり前でしょう」という人もいたが、雨水のpHは6程度だった。しかも、葉を伝って滴《したた》り落ちる雨粒はすでに中性になっている。火口付近や都市部に限らず、日本中どこを掘っても土は酸性だ。

土が酸性になる原因は、ガスや雨よりも土の中にある。人間なら血液検査で問題を探すように、土の中を流れる水を集めて成分を分析する。ただし、土の健康診断をしているのは、まだ免許を持たない駆け出しだ。「１００億人を養ってくれる肥沃な土を見つける」はずが、やっていることは「裏山の土の成り立ち」の研究ではずいぶんと遠い。しかし、陸地の3割は酸性土壌であり、食糧生産を制限する要因になっている（図25）[13]。土が酸性になる仕組みを理解することは重要なことだと自分に言い聞かせた。

土の中を水が流れるのは、雨が降る最中やその直後だ。気象予報士さながらに雲の動きに敏感になる。雨の降る度に蚊の大群の待つ裏山に突入する。元気なのは蚊と私だけかと思えば、そうではなかった。植物の根や微生物も雨で元気になり、大量に呼吸をする。放出された二酸化炭素の一部が土の水に溶け込めば炭酸水になる。根や微生物からは有機酸（クエン酸など、フルーツに多い酸味物質）も滲《し》み出す。中性だった雨水（林内雨）は、土に入った瞬間に酸性物質が溶け込み、pHは炭酸レモン水に近い3のレベルまで記録した[14]。生物の生み出す酸性物質の量が酸性雨よりも膨大であることはすぐに分かった。炭酸水や有機酸を含んだ水は岩を溶かし、土へと変える。

日本では降水量（1年間に１５００ミリメートル）が蒸発や植物の蒸散量（1年間に２０

0〜700ミリ）を上回るため、土の中をたくさんの水が浸透することになる。岩石の風化は速い。岩から1年間に0・1ミリの土が生まれる。そのあいだに放出されたミネラルは、流れてしまうものも多いが、一部は植物や微生物が吸収できる。元気になった生物がさらに風化を促す。酸性土壌は農業をやる上では問題だが、酸性物質がなければ鉱物の風化が進まず、土も粘土も生まれない。土が酸性なのは、活発な生物活動の裏返しだと気付いた。日本では、温暖で湿潤な気候に恵まれた生き物たちが、酸性な若手土壌を育んでいる。

一番最初の研究でお世話になった裏山の若手土壌だが、見た目は平凡で、つまらない土だと思っていた。そして、自分の研究成果の持つ本当の価値を理解できるようになり、社会に成果を還元するまでは、さらに15年ほどかかることになった。自分の足元の土壌も、自分自身のことも、客観的に見ることができるようになるのは、ずいぶんと難しいことだ。この若手土壌が、世界では肥沃な土壌にあたることを知ったのは、これから世界中の農業のできない土を見た後だった。

農業のできない土

まだ見ぬ世界には農業に適さない土があるという。北欧が一例だ。サンタクロースの故郷であるフィンランドは、寒冷で肥沃な土壌も少ない。フィンランドの人々は、なぜ自分たちの祖先がフィンランドを選んで定住したのか？　と自分たちの生活を面白おかしく笑いの種にする。

白夜の夏は、沼地に無数の蚊が待ちうけ、冬は寒くて昼間から真っ暗だ。ゴアテックスに身を包み、タイへ避寒旅行……となる前に、言語学的に類似する民族が暮らすエストニアやハンガリーに住むという選択肢はなかったのか？　というのである。

これについては、ひどいジョークがある。

数千年も前のこと、永久凍土の広がるウラル山脈の東側（シベリア）からはるばる新天地を求めて西へとやって来た人々がいた。後に、フィンランド、エストニア、ハンガリー人となる人々だ。彼らは、分岐点である看板に出くわす（図26)。

看板にはこう書かれていた。

「⬇南…肥沃な土地、気候もよい」

「北⬆…農業はできない、恐ろしいほどに寒い気候」

この看板を読むことのできた人は南に向かい、そこで定住した。それが今のハンガリーの人々となった。暖かく肥沃な土に小麦とブドウがよく育ち、パンとワインに事欠かない豊か

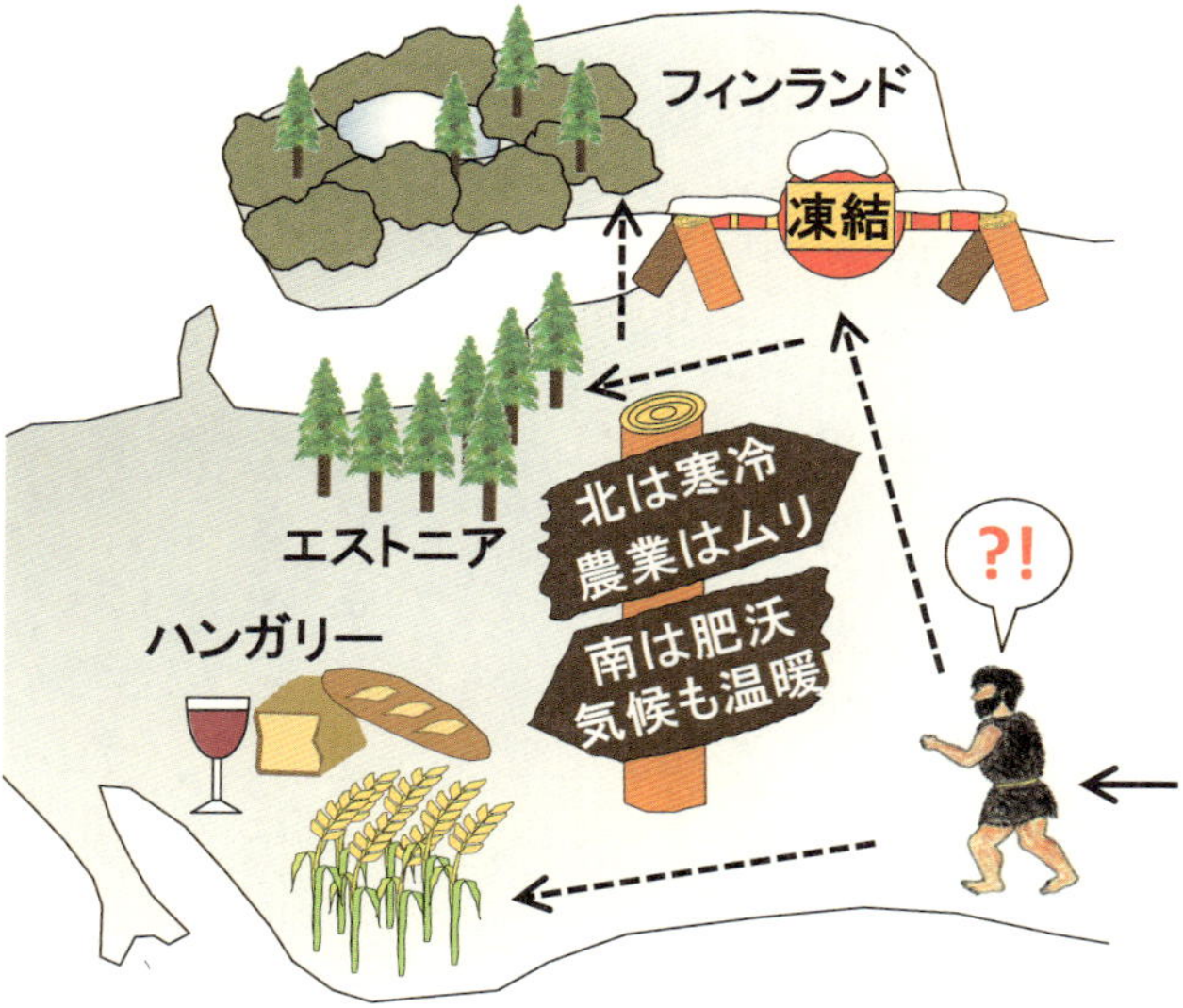

図26　フィンランドへの道。

な生活を送ることができた。

看板の文字を読めずに北に向かった人たちは、次の看板に出くわす。

「警告：この先は凍結している」

文字を学んだ一部の人々は、この看板を見て止まった。その人々をエストニア人という。気候は寒く、砂地の土は肥沃ではないが、ライ麦の黒パンとウイスキーがある。

看板の文字を読めず、さらに北へと進んだ残りの人々は、喜んで氷の海を泳ぎ対岸へと渡った。そこに暮らす人々をフィンランド人という。

そこには湖と蚊のはびこる沼地、露出した岩盤に力強く育つ森林があった。そこを開拓してわずかばかりのジャガイモとニンジンを育てた。夏でさえ霜が降り、枯れてしまうこともあるけれど。ハンガリーのワインを知らなければ、それはそれで幸せだった。

これは本当に失礼なジョークだが、私の知るフィンランド人はみなこのジョークを楽しんでいる。フィンランド人の起源は明確ではないが、岩と沼地が多いという土に関する記述は正しく、凍っていない湖さえあれば水泳をしようとするフィンランド人の習性は今も健在である。プータロと呼ばれるサウナ小屋と湖を行ったり来たりする。断っておくが、現在のフィンランドは、世界で最も教育水準の高い国の一つである。

このジョークの中に、土がいくつか登場する。ウラル山脈の東側にはシベリアの**永久凍土**がある。ハンガリーの肥沃な土は、ウクライナとともに「世界の穀倉」を支える**チェルノーゼム**と呼ばれる土だ。エストニアの砂地の土は、**ポドゾル**と呼ばれる。酸性で栄養分に乏しい。フィンランドの沼地には、**泥炭土**《でいたんど》があり、岩がちの土地には土がほとんどない。あったとしても**未熟土**くらいだ。五つの土が農業の成否を決定し、人々のライフスタイルに影響を与えてきたという極端なたとえ話である。フカフカした火山灰土壌で生まれ育った人間には、想像がつかない。実際どんな土なのだろうか。

永久凍土を求めて

まずは永久凍土だ。永久凍土のある北極圏は遠い。日本からカナダへと飛行機を乗り継ぐこと5本。途中のオーロラの町・イエローナイフまでは日本人の観光客の姿を多く見かけるが、石油と基地の町・イヌビックまで行けばカナダ人を含めても、人影はまばらである。日本からカナダまでのフライトは20万円かかる。そこからイヌビックまではさらに30万円かかる。カナダ人の研究者をイヌビックに誘っても、蚊が多いから嫌だと断られ、むしろ、日本に行く方が近く感じるという。裏山に通っていた日々からすると飛躍したようだが、先立つ物は私の研究費ではない。大型の研究プロジェクトの文字通り末端に加えてもらって得たチャンスだ。プライドよりもフライトを優先した。

５本乗り継いだ空の旅の末に、最新機器を荷詰めしたスーツケースは紛失し、金象印のスコップだけが無事に手元に届いた。トラブルはしばしば、己が使命に気付かせてくれる。文字通り、裸一貫にスコップ１本。脱サラしてギター１本で勝負しようと決めたミュージシャンの気持ちが分かる瞬間だ。

問題は続く。よその国で土の研究をするには、車の運転と同じく免許が要る。交渉相手は州政府だが、北極では先住民族（イヌイット）の自治会の許可も必要になる。永久凍土地帯

図27　カナダ永久凍土地帯のスーパーに並ぶしおれたハクサイ　15.08カナダドル（＝1800円。当時）。キャベジ・ナッパと書いてある。

に広がる大自然は、狩猟・採集をしているイヌイットの人々の生活の場でもあるからだ。自治会から、「土を掘ると我々の自然が荒れるんじゃないか」とか「木を伐ると燃料資源が減るではないか」という質問が週一回のメールで一つずつ飛んでくる。相手にわかってもらえるまで誠意をもって質問に答えていく。「土は掘った後、もとに戻す。ゴミ拾いもする」「木を数本伐っても、１ヘクタール（１００メートル×１００メートル）には木が４０００本も生えているから大丈夫！」。腰は低く、押しは強くという相撲の基本はいろんな場面で応用が利く。２カ月間、やり取りを繰り返した。

　調査許可が出るまでのあいだに、学んだことがある。先住民族のイヌイットは日本人と同じモンゴロイド系で、私たちと似た顔つきをしている。サケやトナカイの狩猟・採集が生業《なりわい》だったはずだが、イヌビックの町には補助金頼みのアルコール依存症者が多数さまよっていた。一日中真っ暗になる冬がいけないのだという。生業を捨てた時の人間は脆《もろ》いと感じた。

北緯68度のイヌビックの年平均気温は－９℃だ。札幌の年平均気温はマイナスのつかない９℃なので、比較するとずいぶん寒い。農業の気配はない。町に一つしかないスーパーマーケットでは、オレンジ１玉が５００円。最寄りのフロリダ産かと思えば、南アフリカ産である。オレンジは、南アフリカから飛行機を乗り継いで、はるばるイヌビックまでやって来た。私も長旅だったが、上には上がいた。スーパーマーケットのレジ係はオレンジを買う私に向かって「Crazy, but tasty（価格はクレイジーよねぇ、でも、美味しいのよねぇ）」と笑っていた。

オレンジはまだ序の口かもしれない。しおれて茶色くなったハクサイは一束１８００円、ホウレン草１０００円、ダイコン１４００円、ナス７００円だ（図27）。日本のスーパーマーケットでよく耳にする「最近、野菜が高いわねぇ」というレベルではない。これもすべて土が凍っていて、農業ができないためだ。唯一、ブルーベリーだけは無料、野外で採り放題だ。ブルーベリーというと北欧のものと思いがちだが、原産は北米だ。ツツジ科のブルーベリーは、永久凍土の厳しい環境でも粘り強く育つことができる。

２カ月間、時間とブルーベリーを食い潰した末に、ようやく調査許可が下りた。永久凍土の調査開始である。

図28　左上からプレーリーに広がる農業地帯、針葉樹林（カナダ・アルバータ州）、酔っ払いの森、木のないツンドラの景観（カナダ・北西準州）。牧畜地帯は図43、広葉樹林は図45に示す。

ツンドラと永久凍土

森と田んぼに囲まれた日本からは、北極圏の自然の姿は想像しにくい。高校地理の教科書や参考書を見ると、「寒冷な地域では植生の乏しいツンドラが広がり、泥炭を大量に含んだ強酸性のツンドラ土、永久凍土が分布する」とある。簡単に説明しようとすると、逆に混乱する。実物を見た方が早い。

北米大陸を北へと縦断するとアメリカ中西部からカナダ南部にかけては、かつては大草原（プレーリー）だった場所にトウモロコシや小麦の穀倉地帯が広がり、やがてポプラなどの広葉樹林とのどかな牧畜地帯へと変化する。牧畜が盛んな地

図29　地衣類やコケの下に埋もれた凍土（左、カナダ・北西準州）とその下の永久凍土層（右、アメリカ・アラスカ州、Brandt Meixell 氏提供）。

域だ。そのさらに北には針葉樹林が広がる（図28）。マツやトウヒなど、葉がツンツンしたクリスマス・ツリーの仲間だ。もう畑はない。ツキノワグマに似たブラックベアやヘラジカが闊歩《かっぽ》する大自然だ。

さらに寒い北へと進むと、20メートルほどの背丈があった樹木がどんどん小さくなる。夏が短いために、成長が遅いのだ。凍土地帯に位置するイヌビックあたりでは、高さ5メートルほどの黒トウヒがヨロヨロと生えている姿から〝酔っ払いの森〟と呼ばれる。根を深く張ろうにも地下には氷があるため、真っすぐ体を支えられない。直径6センチメートルしかないが、御年２００歳の樹木である。

このあたりまで来るともはや人間よりも、ヒグマやトナカイの密度の方が高い。さらに北極海まで北上すると、樹木の育たない森林限界の領域である。イネ科の草本植物《そうほん》やヤナギなどの低木は生える。これがツンドラだ。ツンドラから北極まではホッキョクグマの縄張りになる。

土はどうだろうか？　日本の森林では、木の葉が日差しを遮り、フカフカした落ち葉が地面を敷きつめていた。カナダの凍土地帯の酔っ払いの森では黒トウヒはポツポツと立っているだけで、上を見上げれば一面の青空が広がる。地面にトウヒの落ち葉は少なく、代わりにコケ植物や地衣類《ちい》（藻類とカビの共生する生物）の遺体が20センチの分厚さで土を覆っている。森の主役が違うのだ。コケのマットの下に、ようやく土が登場する（図29）。永久凍土の名とは裏腹に、表面10～30センチの土の氷は解けていた。その下には夏でも解けない氷の層にぶつかる。これが正真正銘の永久凍土層である。凍土といっても、厳密には土の粒子そのものが凍っているわけではなく、土の粒子のあいだの水が凍って土ごとカチコチに固まる。日本からわざわざ持参したスコップも歯が立たない。

永久凍土は「永久」と謳《うた》ってはいるが、「2年間以上0℃以下」の条件を満たせば永久凍土層を名乗ってよいことになっている。「永久＝2年以上」とは、学会も存外、気が短い。夏のあいだでも少し地面を掘れば氷の出てくる冷たい土を、**永久凍土**と呼ぶ。12の土のうち

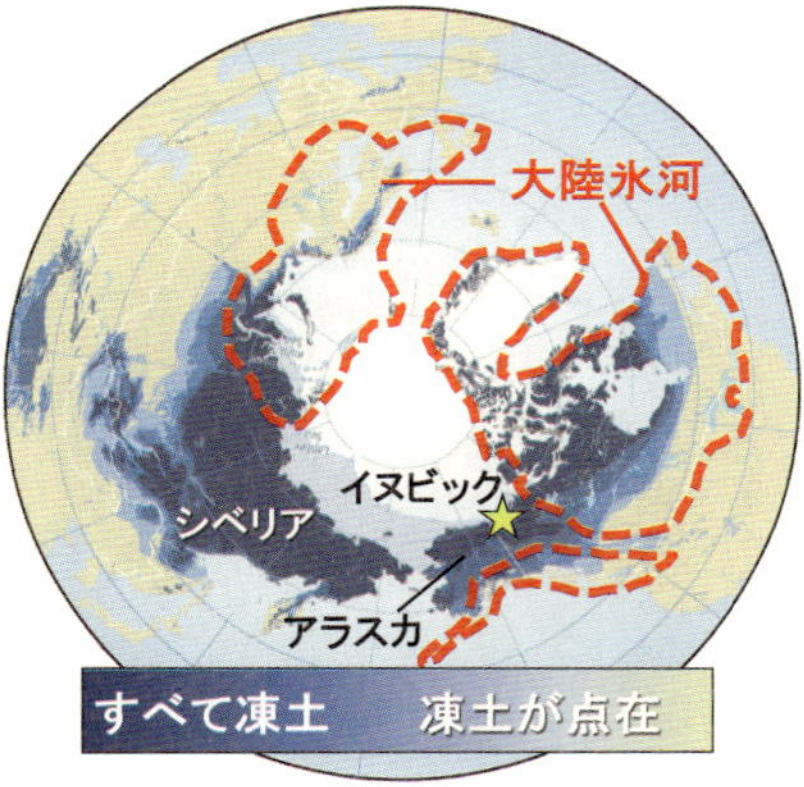

図30 永久凍土の分布。かつて大陸氷河に覆われていた北欧には凍土が少ない。Brown et al. (1997) をもとに作図[15]。

の三つ目だ。陸地の9パーセントを占めている。

日本でも北海道、とくに冬の寒さの厳しい根《こん》釧《せん》地方では土が凍る。しかし、春には土の氷は解けてなくなり、牧草が生い茂った農業地帯の姿を取り戻す。これを冬限定の季節凍土という。霜柱もその一つだ。カナダやシベリアの凍土地帯では、一年中凍ったままの永久凍土層が地下数百メートルまで続いている。年平均気温−9℃は確かに寒いが、数百メートルの深さまで土を凍らせるのは簡単なことではない。隣のアラスカにも永久凍土層はあるが、数十メートルの厚みしかない。この違いを生む要因は何だろうか？

北極圏に永久凍土層が生まれたのは、氷河期（300万年前）のことだ。地球の地軸の傾きの微妙なブレによって寒くなったり、少し暖かくなったりするサイクルを繰り返した（ミランコビッチ・サイクルという）。私たちは、今でもその気候変動の中に身を置いている。ツンドラ地帯をマンモスが闊歩していた氷河期には、降った雪が固結して分厚い氷となって北米大陸やヨーロッパを覆った（図30）。大陸氷河の分厚さ（高さ）は3キロメートルにも達したという。氷河に水を奪われたために、地球各地で砂漠が誕生し、海水面が200メートルも低下するほどの大変動だった。氷河に覆われた土は冷気から遮断されるため、凍結しなかった。北陸の豪雪地帯で土が凍らず、雪の少ない根釧地方で土が凍りやすいのと同じ原理だ。

氷河の形成には雨（雪）が要る。ところが、大陸の内陸部は雨が少ない。私の調査したカナダ・イヌビックの年降水量は200ミリメートルしかない。日本なら1回の豪雨で降ってしまう水量だ。氷河期といえど、雨や雪が少ない地域では氷河は発達しにくい。氷河の覆いのない土は氷河期の冷気にさらされ、凍結した。それが永久凍土層となったのだ。永久凍土層の上の土は夏に解けるが、土の中の温度は、せいぜい5℃だ。数百メートルの永久凍土層によって下から冷やされ続けるため、温度は冷蔵庫よりも安定している。これでは野菜が育たない。ジャガイモですら無理だ。オレンジ500円、しおれたハクサイ1800円の理由は土にある。永久凍土は北極を取り囲む陸地、アラスカ、カナダ北部、シベリアに広がって

図 31　ロッキー山脈のコロンビア氷河（カナダ・アルバータ州）。手前には氷河を削った土砂が堆積している。

いる。農業ができない永久凍土地帯では、狩猟・採集が唯一の生業となった。ようやく永久凍土の調査が終わった。次は、泥炭土だ。

氷が解けたその後で

氷河期に話を戻そう。氷河がなかった地域では、土が冷やされて永久凍土が発達した。では、氷河に覆われていた場所はどうだろうか？　同じ北極圏に位置するにもかかわらず、北欧には永久凍土がほとんどない。カナダ、アラスカでも氷河に覆われた地域は土が凍らなかった。分厚い氷河の存在が毛布のような役割となって、土壌の凍結を防いだのだ（図31）。

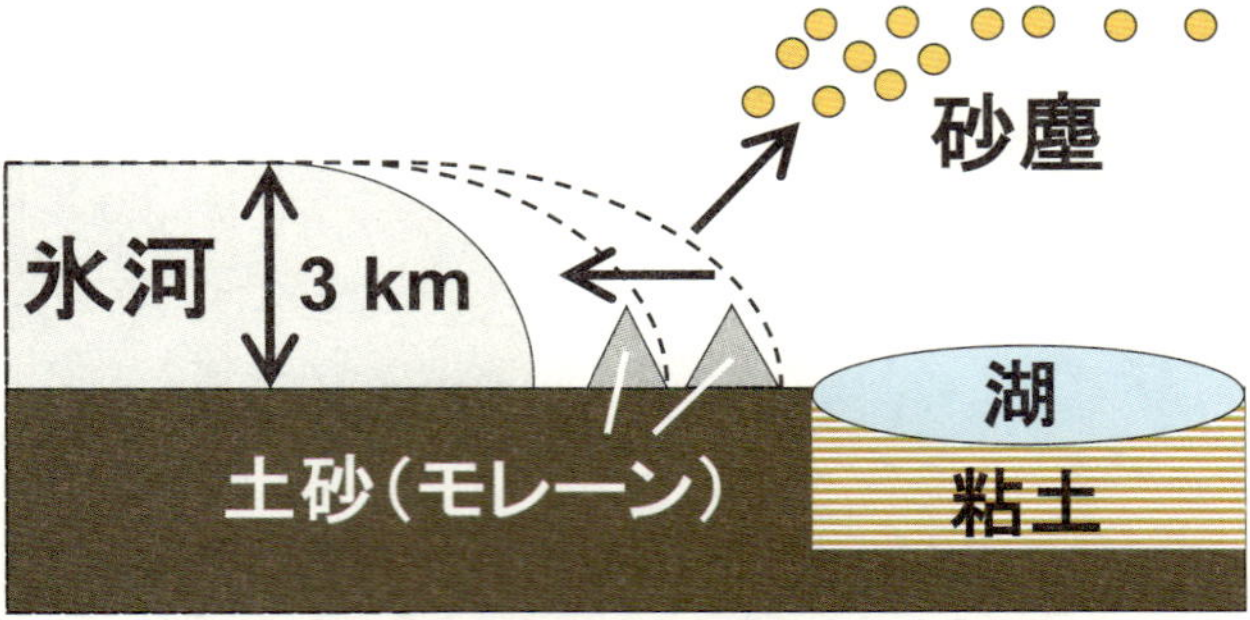

図32　氷河に削られた土砂のうち、細かな砂塵は風に運ばれ、重い物は残される。雪解け水が溜まってできた湖には粘土が堆積する。

氷河は土を凍結から守った。だが、その一方で山や谷をもろともに破壊した（図32）。氷河が発達するというのはイメージしにくいが、壊れかけの冷凍庫の壁の氷がどんどん大きくなって中のスペースが小さくなる現象と似ている。地球温暖化の象徴的な光景として、氷河が海へと倒壊する映像が紹介されることがある。実は、あれこそ氷河の成長を示すものだ。発達して押し出された氷河の縁の部分が陸地の支えを失って崩壊しているだけで、温暖化によって氷が融解しているわけではない。氷河が発達すると、その最前線は1年に数メートルから数十メートルだけ前進する。氷河が発達したことで何が起きたのだろうか?

氷河期、カナダではローレンタイド氷床と呼ばれる巨大な大陸氷河が発達した[16]。北米大陸からグリーンランドまでを跨《また》ぐスケールだ（図33）。今でもその氷

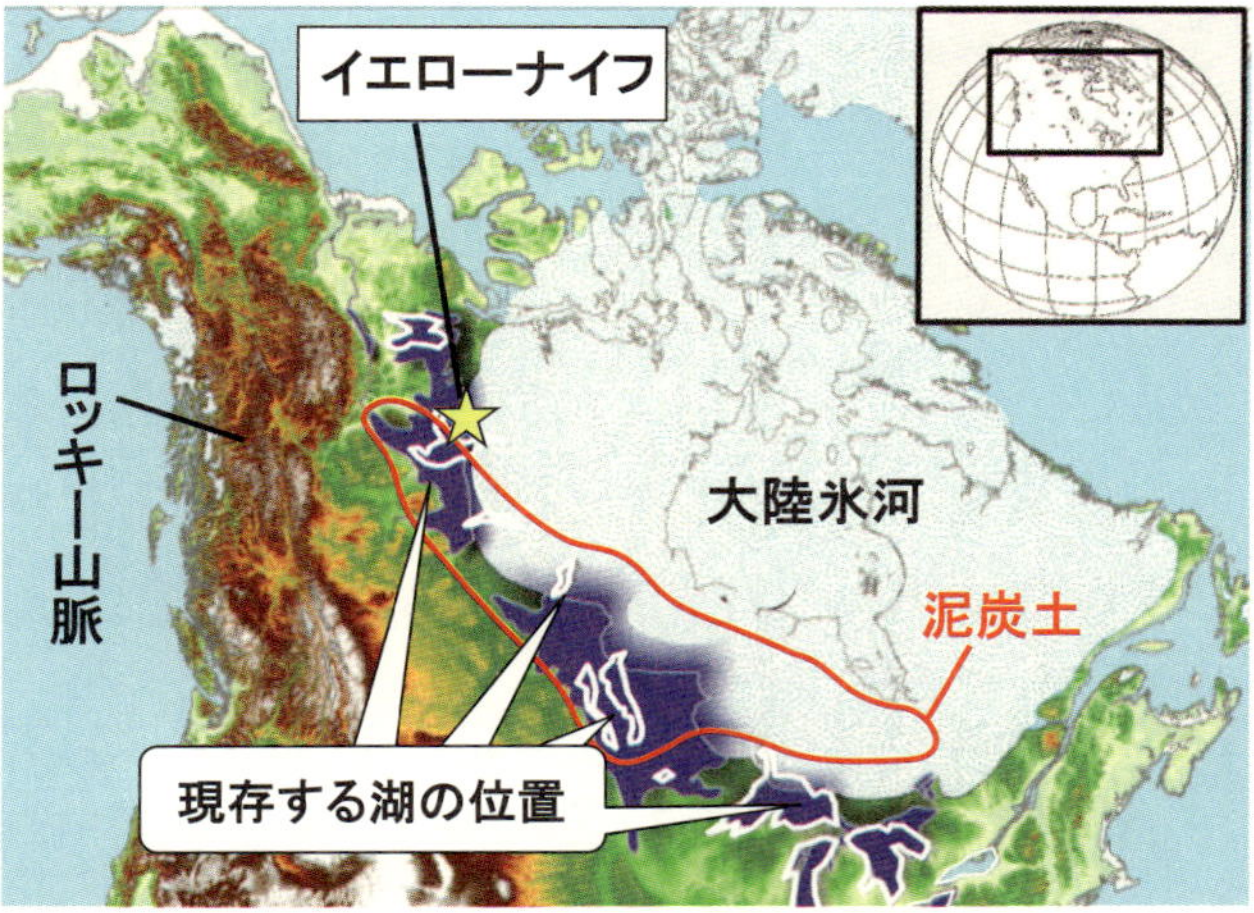

図33　1万年前の氷河のつくった古代湖と現在の泥炭土の分布。Hickin et al. (2015) [16]をもとに作図。

河はグリーンランドを覆っている。海の向こうでは、イギリスからロシアの東側までつながった氷河が北欧を飲み込んだ。イギリスは他のヨーロッパ諸国と一線を画して単独行動することが多い島国だが、海水面が低下していた氷河期には一つの大陸だった。高さ3キロメートルにも達する氷河が巨大なブルドーザーのように、起伏に富む陸地を平らに均《なら》していった（図32）。

氷河のブルドーザーももとをただせば、水に過ぎない。今から遡ること1万年前、寒さが緩むと、北米大陸を覆った氷河が解けだした。ちょうど日本で縄文文化が花開いていた頃だ。氷河の融解水は激流をなし、大西洋へと流れ込んだ。平坦な地形では、一部の水は進路を見失う。これが巨大な湖となった（図33）。ナイアガラの滝を有するアメリカ・カナダ国境の五大湖、カナダの巨大な湖群（グレートスレーブ湖、グレートベア湖）は氷河の傷跡にできた巨大な水たまりだ。かつては北米大陸を跨ぐ一つの湖だったという[16]。その湖のほとりに4番目の土、泥炭土がある。

泥炭土と蚊アレルギー

凍土地帯のイヌビックから南下すること1100キロメートル。オーロラの町・イエローナイフは、グレートスレーブ湖のほとりにある。土はもう凍っていない。オーロラを見にくる観光客はいても、泥炭土を目当てにくる人はいないため、世界最大級の泥炭土地帯を独り占めできる。夜空だけでなく地上の土も魅力ある町なのだ。中島みゆきの「地上の星」の歌詞がふと頭に思い浮かぶ。オーロラは長い夜の冬がベストシーズンだが、土壌調査のベストシーズンは夏だ。それはちょうど蚊のベストシーズンでもある。

大小さまざまな湖の周りには湿地帯ができる。湖畔の景観は北海道の釧路湿原と似ているが、カナダの場合、ビーバーが枝を集めてつくったマウンド（巣）が湖畔に点在している。

湿地帯には、ミズゴケなどのコケ植物が繁茂する。植物の遺体はふつう微生物によって二酸化炭素へと分解され、大気へと還っていく。同時に、窒素やリンなどの栄養分も放出され、新たな命を育む。仏教世界でいうところの輪廻《りんね》転生《てんしょう》、人間世界のリサイクルと同じ原理だ。しかし、湖の周りの水浸しの環境では、土の中まで酸素が届きにくくなり、微生物の多くが窒息してしまう。微生物の分解活動がストップすると、コケ植物の遺体が次から次に堆積するようになる。これが**泥炭土**だ（図34）。12種類の土のうちの４番目である。

図34　泥炭土（カナダ・北西準州）。

カナダの湿地林はビーバーに加えてリスやウサギなど動植物の宝庫だが、蚊の巣窟《そうくつ》でもある。こちらも全身を完全防備しているが、蚊も短い夏にすべてを賭けている。わずかな隙を見つけては、針を刺してくる。献血と思うしかない。インドア派に足りないアウトドアの経験と知識は、探検家・植村直己《うえむらなおみ》の冒険録で補ってみたが、冒険録にはホッキョクグマと戦う術は書いてあっても、メガネの裏に蚊が入り込む問題への対処方法は載っていなかった。寒冷地の蚊にデング熱やマラリアの危険性はないが、蚊柱の中で数百カ所刺されると、唇の裏側のリンパ腺が腫れ上がり、ついには蕁麻疹《じんましん》になってしまった。蚊アレルギーである。まだ四つ目の土なのに、先が思いやられる。

泥炭土を掘るということは、蚊だけでなく地下水との闘いになる。ひしゃくとスコップを持ち替えながら掘り進むのは1メートルが限界だ。驚いたことに、地表から地下1メートルまで変わることなく、未分解のコケ植物の遺体が堆積していた（図34）。泥炭の堆積速度は1年に1ミリメートルというから、千年ものあいだ分解されず眠っていたことになる。ボーリング調査によれば、深さ10メートルのところまで同じように植物遺体が堆積しているという。10メートルの深さの泥炭が堆積したということは、1万年前だ。ちょうど氷河が解け始めた頃にあたる。

北米や北欧で泥炭が堆積し始めるきっかけは氷河の融解だったが、氷河はなくても、湿地帯を形づくる平坦な地形と大量の水さえあれば泥炭土ができる。日本でも釧路湿原や尾瀬高原のような湿地帯には泥炭土がある。泥炭土は微生物の分解活動の遅い寒冷な地域に多いと思いがちだが、湿地帯であれば気候を問わない。日本各地の沖積《ちゅうせき》平野に広がる水田地帯の多くは、もともと『古事記』『日本書紀』にいう豊葦原《とよあしはら》の湿地帯であり、今でも地下には泥

図35　泥炭土地帯の茶色い河川水（カナダ・アルバータ州）。

炭土が眠っている。世界に目を向ければマングローブを含む熱帯の湿地林（スワンプ）にも膨大な量の泥炭が堆積している。水分や腐植の多い土を肥沃だといってきたが、植物遺体が分解されずに堆積した泥炭土は養分の供給の少ない不良土壌だ。ものには程度というものがある。

ウイスキーとジーパンを生んだ泥炭〝土〟

泥炭土は、北極圏や高原地帯まで行かなくても園芸店に並んでいる。ピート・モスだ。コケ植物由来の泥炭土を乾燥させたピート・モスは、栄養分に乏しく酸性だが、通気性を改良してくれる資材となる。スコッチ・ウイスキーに芳醇《ほうじゅん》な香り（スモーク・フレーバー）を付ける燃料も泥炭だ。氷河に削られたスコットランドは湿地、そして泥炭土の宝庫だった。寒冷地でも育つライ麦と合わせれば、ウイスキーの材料がそろう。北海道（余市）でウイスキー生産が盛んになったのも、近くで泥炭土の入手が容易だったためだ。

興味深いことに、北欧でウイスキーをつくる水はウイスキーと同じ茶色をしている（図35）。「ウイスキーづくりに最適な水は、もともとウイスキーと同じ色をしている」などと解説をするウイスキー蒸留工場もある。実際には、燃料の泥炭土が近くで入手できる場所は、河川水も泥炭土によって濁りやすい。数千年前のコケの植物遺体が茶葉のようにポリフェノール類（タンニンなど）を放出し、分解されることなく河川に流れ出すためだ。お茶とは違って、茶色い河川水はおいしくない。ウイスキー、コーヒー、紅茶、そして砂糖の文化がイギリスで発達する背景には、泥炭土から滲み出す飲み水がそのままでは不味かったことが影響している。

泥炭土は、地中深く数千万年も眠れば石炭に化ける。それは私たちの使う電気の燃料になるだけではなく、ジーンズを染めるインディゴの原料にもなっている。植物から絞っていたインディゴを石炭から合成することに成功したのは、世界最大の化学メーカーであるＢＡＳＦ社だった。染料で発展したＢＡＳＦ社は、石炭を使って窒素肥料と火薬の大量生産に成功した。窒素肥料は世界人口を倍増させた一方で、火薬は戦争での死傷者数を倍増させた。泥

図36　北極圏の岩石地帯。岩の隙間に地衣類が生み出した土がたまる。

炭土は世界の陸地面積の1パーセントに過ぎないが、その影響力は大きい。

土壌がないということ

永久凍土と泥炭土に会うことができたが、北極圏で同じくらい多いのが未熟土だ（図36）。大学の裏山で見たはずの未熟土だが、北極圏の土の圧倒的な未熟さに唖然《あぜん》とさせられた。岩石砂漠といった方が近い。日本の高山帯と似ているが、北米や北欧の地形は平坦である。先ほどのジョークの中で、フィンランドに到達した人々についてのジョークに登場した「露出した岩盤に力強く育つ森林」のある景観だ。

厚さ3キロメートルの氷河という重量級のトンボによって均《なら》された北米や北欧のグラウンド（地表面）のうち、くぼ地は湿地帯となり、丘陵地にはむき出しの岩盤が残った。北極圏では降水量が少なく、気温も低い。生物活動も活発ではないため、岩の風化は遅い。注意深く見ると、岩の上にはわずかばかりの土壌がある。地衣類やコケ植物の下では岩が変色し、マツの根は岩を割って入り込んでいる。岩が分解することで砂や粘土が生まれ、地衣類やマツの遺体が細かくなった腐植と混ざり合う。土がまさに誕生した瞬間だ。しかし、数ミリメートルしか土がない。日本の裏山で見た未熟土や若手土壌は、土があるだけずいぶんと恵まれていたのだと感じた。

未熟土はあらゆる土壌の出発点であり、世界中に分布する。岩盤だけでなく、河川や風の働きによって運ばれてきた土砂が堆積すれば、土の発達は振り出しに戻る。つまり、未熟土になる。低地の水田を支える沖積土が未熟土なら、鳥取砂丘も未熟土だ。

未熟土でも、生物活動や水がある限り、岩から土は生まれ続けている。その速度が遅いのか、あるいは、土が生成するのと同じくらい、土が失われるのが速いのかだけなのだ。お金が貯まらない原因に、収入が少ない場合と支出が多過ぎる場合があるのと同じだ。北極圏や日本の高山帯は前者だが、後者の代表格にはサハラ砂漠やタイ東北部の砂質土壌がある。逆説的だが、強度に風化を受けた末に余計なものがなくなり、もう一度〝未熟〟な姿へと戻るのだ。世界で最も風化したタイ東北部の砂質土壌を訪ねよう。

微笑みの国の砂質土壌

タイ東北部の中心都市コンケンは、バンコクを北北東へ450キロメートル行った先にある。スコップ以外に日本円という武器があれば別だが、ない場合には夜行バスが時間とお金の節約になる。夕暮れ時、バスターミナルにリズムのよい国歌（国王賛歌）が流れると全員が起立する。2017年に亡くなったプミポン国王は名君として国民に慕われていたが、土壌保全活動にも尽力していた。国連の食糧農業機関（FAO）によって国際土壌デーと定められた12月5日は、プミポン国王の誕生日に重ねられている。微笑みの国タイは土に根ざした農業大国でもある。

夜行バスで気持ちよく寝ていると、乗り込んできた武装警官にたたき起こされる。パスポートを提示しても、「タイへ何をしに来たのか?」と訊いてくる。もちろん、英語は通じない。タイ語のろくにできない私にトゥクトゥク（三輪タクシー）の運転手が教えてくれた「ウィチャイ ディン（土を研究している）」という呪文を唱えると、微笑んでくれた。タイでは警官までも土と笑顔の大切さを理解しているのかもしれない。

カオマンガイ（鶏飯）をかき込んでから農場へと向かうと、一面に真っ白な砂地が広がる（図37）。ゴルフ場のバンカーでもなければ、トロピカル・ビーチでもない。内陸部の畑地で

図 37　タイ東北部のサトウキビ畑と砂質未熟土。

ある。分析すると、土に含まれる粘土の割合は3パーセントしかない[17]。残りは真っ白な砂だ。ちなみに、日本の裏山の土には、粘土が30パーセントも含まれていた。粘土は水と養分を保持してくれるし、腐植を吸着する効果もある。タイ東北部の砂質土壌では、その粘土が圧倒的に少ない。土だけ見れば、世界で最も貧栄養といっても過言ではない。

土の色が白いのは石英の砂粒の色だ。きれいだが栄養分を保持できない。白い砂は老朽化した土の究極の姿だ。数百万年かけて風化や侵食を受けた末に粘土は失われ、ついに砂だけになってしまった。強度に風化したアフリカの古い砂漠の土でさえ、白ではなく赤だ。赤は鉄さび粘土の色であり、砂粒を鉄さび粘土がコーティングしている。

ところが、タイ東北部の砂質土壌では鉄すら残っていない。粘土も腐植もないため、水も養分も満足に保持できない。日本を旅立つ前に読んでいたタイ東北部の窮状を記した報告書には、作物がろくに育たず、貧困にあえぐ農民たちの姿が記されていた。乾いた砂浜状態の土を見て、納得した。

ところが、である。雨季を過ぎると、砂の上には高さ2〜3メートルのサトウキビが見事に育っていた。木陰で「サバーイ、サバーイ（気持ちいい）」とくつろぐ農民たちの姿は幸せそうに見える。テレビや教科書でクローズアップされていた土壌劣化にあえぐ人々の姿はどこにあるのか。聞いていた話と違うではないか。

タイ東北部には雨季と乾季があるが、雨季には1000ミリメートル以上の雨が降る。そこがサハラ砂漠との違いだ。栄養分の少ない砂質土壌でも植物は青々としている。それならば、と私も肥料なしでサトウキビを栽培してみた。サトウキビの茎を埋めると、節から芽が出てくる。イネ科植物に特有の栄養成長である。しかし、雨季が終わっても、イネのような細い茎と葉を出しただけで、大きくはならなかった。日本でトマト一つまともに育てられなかった人間が、世界で最も貧栄養な砂質土壌でサトウキビを育てられるわけはなかった。

砂質土壌で肥料をやらなかった場合、作物はほとんど育たない。粘土質土壌で無肥料栽培をするよりも、収穫量の落差が大きい。とはいえ、化学肥料は元手《もとで》がかかるし、サトウキビの買い取り価格は、農民の都合と関係なく国際市場が決めてしまう。多くの肥料投入が必要な砂質土壌では、純利益が小さい。結果として、農民は貧しくなる。丹精込めて育てたサトウキビは自分の口には入らず、日本など先進国へ送られる。農民たちは自給自足さえままならず、収入は国際市場価格に振り回されることになる。甘いサトウキビのもたらす現実はほろ苦い。ここまで来てようやく、劣悪な土壌にあえぐ人々の姿が浮き彫りになる。効率よく情報を提供してくれるテレビや教科書のありがたみを感じる一方で、スコップを掘り下げた現実はそう単純ではないことを教えられた。旅を続けよう。

タイ東北部の〝未熟〟土では、充分な雨が降るために農業自体は成立した。しかし、多くの砂丘未熟土は農業に適さない。養分も水も保持できないためだ。北米大陸の砂丘地帯にはカジノが多い。有名なのがラスベガスだ。周りにはデスバレーと呼ばれる砂丘地帯がある。未熟土の見せる、もう一つの姿だ。世界には農業ができない土壌が存在し、生活の選択肢を限られたものにしている。

ゴルフ場よりも少ないポドゾル

タイに寄り道して未熟土に詳しくはなったが、まだ12の土壌うち、四つしか見ていない。先を急ごう。まずはポドゾルと呼ばれる貧栄養な砂質土壌だ。フィンランド人のジョークの中では、岩と湿地の広がるフィンランドまで北上せずに、エストニアを選んだ人々が暮らす砂地の土である。これは大袈裟な表現で、北欧からロシアにかけて、そして北米大陸の東海岸にポドゾルは広く分布する。

図38　高校の教科書にも載ったポドゾル（フィンランド）。

ポドゾルとは、ロシア語の「灰のような土」を意味し、ロシアの農民が耕起しようと地面に鍬《すき》を入れると、灰のように白い砂が出てきたことに由来している。砂質土壌ならタイ東北部でも見たが、ポドゾルはひと味違う。針葉樹林（マツやトウヒ）の根や微生物の放出する有機酸（クエン酸やリンゴ酸などの酸味成分）によって粘土のアルミニウムや鉄成分が溶け出し、砂だけが残る。その下の土で有機酸が分解されるとアルミニウムや鉄が再び析出し、赤褐色の粘土として沈着する。教科書で見るコントラストの美しさに私は魅了された（図38）。ただし、残された砂は酸性の土壌であり、農業には適さない。エストニアやロシアの農民もがっかりしたことだろう。見た目の美しさとは裏腹に、トゲをあわせ持っているのだ。

土壌の分布を示す地図によれば、日本の国土でポドゾルの面積は2パーセントを占めるという。ちなみに日本のゴルフ場の面積は0・7パーセントだ。一見少ないが、神奈川県の面積より大きい。山で土を掘ればゴルフ場より3倍も高い確率でポドゾルに出会えるはずだ。

高校地理の教科書では、ポドゾルは亜寒帯の針葉樹林（タイガと呼ばれる）に典型的な土壌として紹介され、ポドゾル分布域として北海道がべったりと一色に塗られている。ところが、実際に北海道を訪ねて土を掘ってみてもポドゾルは出てこなかった（海岸砂丘には局在する）。北海道では、ポドゾルが発達する前に新しく火山灰が積もってしまうためだ。さらに京都北部のスギ原生林や埼玉県秩父地方の高山帯の針葉樹林を訪ねたが、裏山の若手土壌に近い（図39）。分厚い腐葉土から滲み出す茶色い酸性物質（フルボ酸）の作用によって、うっすら白い砂の層が発達するものの、きれいなポドゾルになるにはもう少し（＝あと数千年）時間がかかりそうだ。日本のポドゾルの面積は、ゴルフ場の面積よりも狭いのではない

図39　出会ったポドゾルたち。左は埼玉県秩父地方、右はカナダ・ケベック州。

かと疑いたくなる。

ポドゾルに出会えない代わりに、分かったことが一つある。日本の山には、ネバネバした酸性の若手土壌が多いということだ。国土の30パーセントを占める。裏山でも見たが、はっきりいって、何の面白味もない土だ。しかし、侮ってはいけない。私たち日本人は、土はネバネバして当たり前と思いがちだが、それは湿潤で温暖な環境で生まれ育った人間だけに許された特権である。岩石むき出しの北極圏の土が示すように、水が足りないと岩石の風化が抑制されるし、寒ければ生物活動も鈍り、粘土を生み出す化学反応が遅くなる。逆に風化しすぎて砂だけになったタイ東北部のような未熟土もある。未完の若手土壌は、まだ発掘されていない才能（鉱物）をその中に秘めており、磨けば光る（粘土や栄養分を生み出す）可能性もある。温暖で湿潤な気候と合わせて生産性の高い土なのだ。農業関係者には幸運なことに、日本には粘土質な若手土壌が多い。それは、ポドゾルを探す私には不運だった。

魅惑のポドゾルを求めて

ポドゾルが見つからない。日本を離れ、海外に本物のポドゾルを見に行くことにした。日本の山は褐色森林土ばかりだが、世界に目を移せばポドゾルは陸地面積の4パーセントを占める主要な土壌の一つだ。ポドゾルはクリスマス・ツリーに代表される針葉樹林に典型的な土壌だといいながら、なぜか北欧と北米の東海岸に集中している。あてにならない地図によれば、東海岸はニューヨークよりも北側のほとんどがポドゾルということになっている。

この2007年当時の私は論文もお金もない大学院生だったが、裏山の土の成り立ちを研究する若者に日本土壌肥料学会は10万円の旅費を支給してくれた。研究を始めてから最初の10年間に自分で獲得した予算総額である。ニューヨークの著名な研究者に連絡をとり、ポドゾルを見せてくれるように依頼した。結果はなんと快諾。うまくいき過ぎている。嫌な予感は的中し、行ってみると相手は不在（ロング・バケーション中だった）。この時、自由の国にいることを実感した。ポドゾルを見るという地味なアメリカン・ドリームのためには、ここで諦めるわけにはいかない。ニューヨークもポドゾルの南限だ。セントラル・パークの工事現場のおじさんたちにお願いして土を見せてもらう。「お前さん、ジャパンなら……、ヤンキースのマチュイのケガは大丈夫なのか？」「分からない。でも、ありがとう」という大リーグの最新情報（２００７年当時）を交換しながら見た土は、どこからか運んできた公園の土だった。ポドゾルどころか造成土という未熟土の一種だ。未熟土にばかり詳しくなってしまう。ポドゾルを見たければ、人里離れた森林に行かねばならない。

８年後、ポドゾルを求めて改めて訪ねたのは本場、カナダ東海岸のケベック州、そして北欧のエストニアだ。氷河の融解水によって運ばれた土砂は重さによってふるい分けられ、石ころ、砂、粘土の順に軽いものほど遠くまで運ばれる。氷河に近かったカナダ・ケベック州やエストニアには、石や砂が多く堆積した（図32、74ページ）。そして、そこには、文句なしのポドゾルがあった。見てしまうと、空しく思えるほどただの砂だった（図39、89ページ）。五つ目の土壌である。

図 40　マツとキノコと土の結びつき。キノコの菌糸がリンを溶かし出し、マツに届ける。

エストニアのアカマツ林の広がるポドゾル地帯には、マツタケがあちこちに生えている。日本では「親兄弟にすら在り処を教えない」といわれる高級キノコが、ぞんざいな扱いだ。マツタケの香り（マツタケオール）とカビ臭の原因物質は化学構造がそっくりで、世界の多くの人々がカビ臭として一括している。日本人は、微妙な違いを嗅《か》ぎ分けてマツタケを神格化している。日本人のほうが珍しい存在なのだ。北欧のキノコは、マツタケごはんの食材としてよりもポドゾルの発達に一役買っている。

氷河が残した砂は栄養分に乏しく、植物の生育には厳しい環境だ。そこで仲介役を担うのがキノコだ。マツタケなどのキノコのなかま（外生菌根菌《がいせいきんこんきん》）が文字通り「キノコ」（子実体《しじつたい》）をつくるのは胞子《ほうし》を飛ばす繁殖の時だけで、普段は地下に菌糸を張り巡らせ、植物と土壌のあいだの養分のやり取りを促進している。他の微生物との養分の奪い合いを避けることができる効果は、道路網でいうところのバイパスの働きに似ている。キノコは根の表面を覆うように張り付いた菌糸を通してマツから糖分を分けてもらう。キノコは、そのお礼に土からかき集めた栄養分を受け渡す。もらった糖分の一部を有機酸（主にクエン酸）につくり変えて菌糸から放出し、粘土や鉱物に拘束（吸着）されたリン酸イオンを開放する。キノコは、菌糸を通して吸収したリンの一部をマツの根に受け渡す。共生という名の労働契約だ（図40）。

有機酸によって溶かされた粘土はアルミニウムや鉄のイオンとなり、有機酸とともに下へ移動する。表土には有機酸に抵抗力の強い石英の砂粒だけが残る。有機酸が分解されると、夢から覚めたアルミニウムや鉄イオンは再び赤褐色の粘土として析出する。ポドゾルの発達する反応は速く、速い場合には数百年で真っ白い砂の層ができる。土の劣化ということもできるが、マツとキノコの共生が生み出した芸術でもある。これに対して、ネバネバした裏山の土では、肝心の有機酸が粘土に捕獲されてしまう[18]。これが、氷河の運んだ砂の多い場所にポドゾルが集中した理由であり、火山灰や粘土の多い日本の土でポドゾルが少なかった理由である。

日本に帰ろう。ポドゾルを求めて最後に訪ねたのは、富山県の立山連峰。私の郷里である。特別天然記念物のニホンライチョウの暮らすハイマツ低木林の下に、ようやくポドゾルを発見した。小学校の遠足で通り過ぎていた場所だった。苦手な飛行機に乗って世界中を探し回ったポドゾルだったが、実は郷里の近くにもあったと分かったのは、探し始めて15年目だった。裏山以前に、郷「土」を調べておくべきだった。

世界のポドゾルの多くは、そもそも寒冷地で土壌も砂質で酸性であるため、マツタケには適していても農業には適さない。北欧では、マツとキノコの共生関係を活用して林業が盛んだ。氷河の削り出した平坦な地形では大型の機械も使いやすい。酸性土壌に強いブルーベリーも特産物である。北米の東海岸のポドゾル地帯には『赤毛のアン』の舞台であるプリンス・エドワード島（カナダ）も含まれる。プリンス・エドワード島の赤い砂岩から発達したポドゾル（89ページ、図39のカナダのポドゾルに近い）はやはり貧栄養だが、タフなジャガイモの大産地となった。ジャガイモ栽培か林業かの二者択一を迫る貧栄養な土壌、それがポドゾルだ。

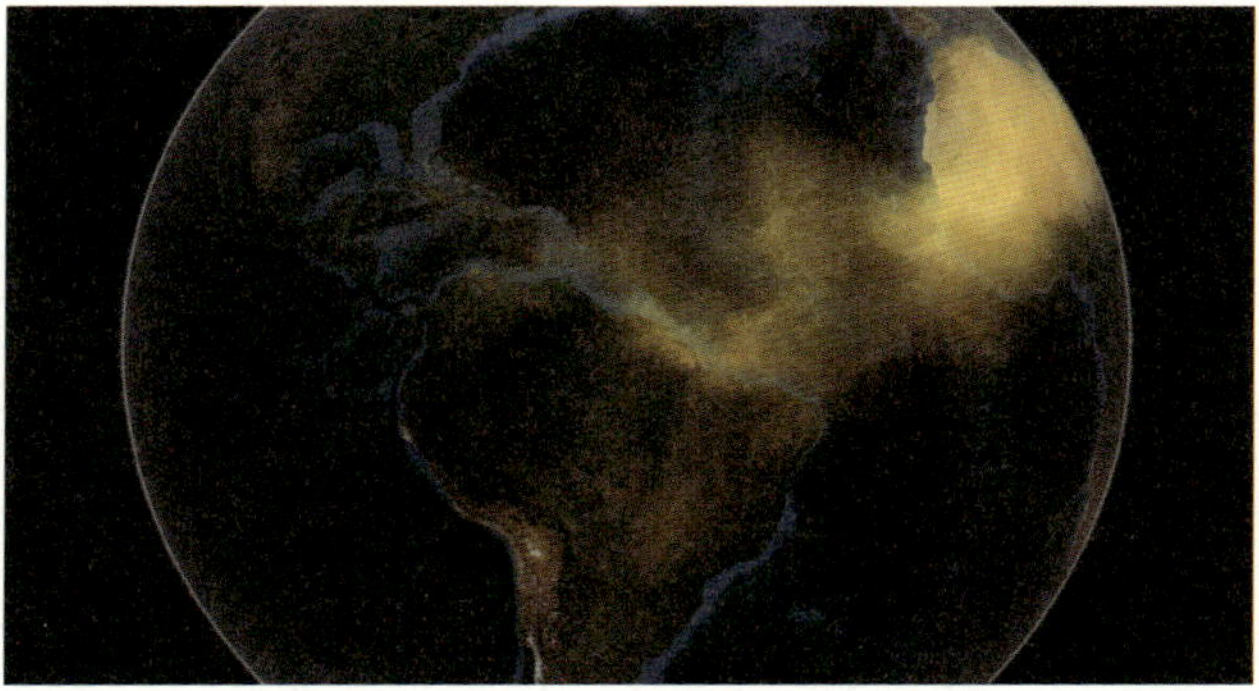

図41　サハラ砂漠からの砂塵が大西洋を渡り、アマゾンまで届く様子。NASA提供。

土の皇帝　チェルノーゼム

氷河が削り出した土砂のうち、重い砂はポドゾルの材料となった。残りの軽い土砂はどこに行ったのだろうか？　氷河期は、寒く乾燥する期間と温暖で湿潤な期間を順番に繰り返す。乾燥期は植物が少ないため、地面は風による侵食（風食）を受けやすい。風に舞った砂塵《さじん》（風成塵《ふうせいじん》）は壮大な世界旅行に繰り出すことになる。

例えば、サハラ砂漠の砂嵐（ハルマッタン）によって巻き上げられた土粒子が海を渡り、はるばる南米アマゾンの熱帯雨林まで運ばれる様子をチャールズ・ダーウィンは記録している[19]。今ではその様子をＮＡＳＡの撮影した衛星写真でも見ることができる（図41）。宇宙のことを理解しようとすることは、同時に地球のことを理解することでもあったのだと

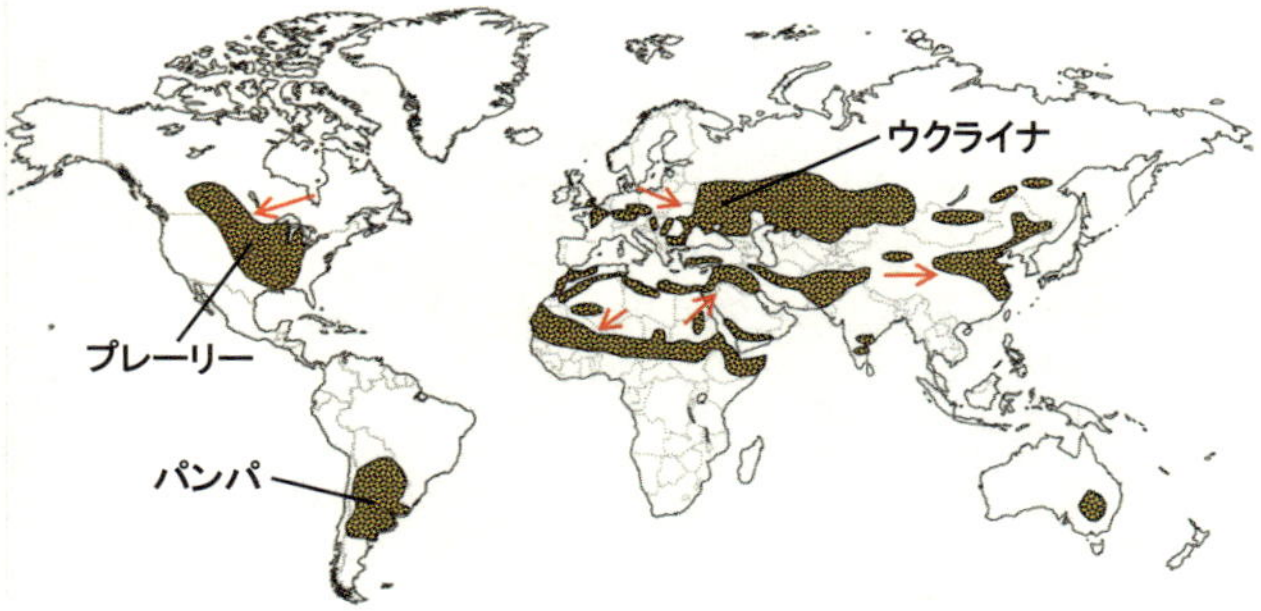

図42　風（赤い矢印）によって砂塵が多く堆積した場所。肥沃な土壌が多い。

NASAに対する見方を改めた。

旅する砂塵の姿は日本でも見ることができる。**黄砂**だ。モンゴルやタクラマカン砂漠、ゴビ砂漠から運ばれた土粒子は、中国の黄土高原を形作り、黄河を黄色く染め、その一部は日本までやって来て車の窓ガラスや洗濯物を汚している。さらに細かな塵は太平洋まで旅をしてプランクトンの栄養となり、マグロを育むという[20]。

数百万年にわたり北欧で削られた土砂は、風に乗ってはるばる東欧のウクライナ、ロシア南西部あたりに堆積し、北米ではプレーリー地帯に砂塵が堆積した（図42）。やがて気候が温暖になると草原由来の腐植と砂や粘土が混ざり合い、世界有数の肥沃な**チェルノーゼム**（**黒土**）が発達した。

高校の地理では、ロシア南部からウクライナ、ハンガリーに広がるチェルノーゼム、カナダ、アメリカの大平

図43　牧草地とチェルノーゼム（カナダ・サスカチュワン州）。

原にまたがって分布するプレーリー土、中国東北部の黒鈣土、アルゼンチンのパンパ土のようにそれぞれの地域名で分類している。大雑把に分類するとどれもチェルノーゼム、草原下に発達する黒い土だ。私たちの食べるパンの材料、小麦の多くはここから届けられている。

日本にチェルノーゼムはない。そこで、プレーリー北部のカナダ・サスカチュワン州を訪ねた。聞いたことのない地名かもしれないが、知らないからといって恥ずかしがることはない。隣国アメリカの秀才集うマサチューセッツ工科大学でも知られていないことがカナダの人気テレビ番組の調査で確認済みだ。同番組のインタビュアーが「サスカチュワン州のアザラシが減少していることについてどう思うか？」と尋ねたところ、多くが「問題だと思っていた」と回答した。ちなみにサスカチュワン州は海に面してすらいない。知名度の低さで一躍有名になったサスカチュワン州だが、本来は、一州で世界のカリウム肥料の30パーセントを産出していることでこそ知られるべき場所だ。日本のカリウム肥料も、多くはここから届いている。140キロメートルずっと一直線の田舎道には、のどかな牧草地、小麦畑やキャノーラ畑が延々と続いている。その下には、予想にたがわず腐植層の厚い黒土があった（図43）。草の根っこがびっしりと張り巡らされている。6番目の土だ。日本に存在しない稀有な土に出会った幸せにしばし浸っていたが、陸地面積の7パーセントを占めるだけあって、プレーリーのどこを掘ってもチェルノーゼムだ。羨ましい。

同じ黒さでも日本の黒い土や泥炭土とは異なり、ずしりと重い。というのも、チェルノーゼムは、粘土や砂の粒子の表面を覆うように腐植がくっ付いている。腐植も粘土も砂もバランスよく配合されている。表土は酸性でもなければ、アルカリ性でもない。中性だ。土は、雨が多ければ酸性に、雨が少なければアルカリ性に振れやすい。酸性でもアルカリ性でもない土は、世界にそう多くない[21]。小さな奇跡だ。

土を耕すミミズとジリス

チェルノーゼムの肥沃な腐植層は、どのように発達するのだろうか。世界で一番肥沃な土ができる仕組みを理解すれば、他の土を改良するヒントになるはずだ。カナダの乾燥地農業研究所を訪ね、植物遺体を土にばら撒いて腐植になるまでを観察する共同研究をお願いすることにした。教授ならともかく、当時のこちらは三十前のポスドク（ポスト・ドクターの略、博士号取得後の非常勤の研究員）で、社会的な立場は弱い。一緒にお願いしてくれるはずのサスカチュワン大学の名誉教授は、ペットのネコの様態が悪化したために離脱してしまった。メールには「Good luck!（幸運を祈る！）」とあった。

面接でも始まりそうな会議室のテーブルをはさんで日本人のポスドク一人が、横綱級の体格をした研究者たちにがっぷり四つで研究内容を説明する。「植物遺体をspray（撒布《さんぷ》）したい」という私の怪しい英語に相手の表情が徐々に曇り始めた。そのタイミングでお土産の日本酒をプレゼントする。土を研究する灘の酒蔵の棟梁・本田武義《ほんだたけよし》氏からもらった銘酒「秋津」だ。なんとか空きスペースで実演するところまで漕ぎ着けると、その程度のことかとあきれられた。ヘリコプターで植物遺体を撒く実験でもするのかと誤解されていたようだ。大陸と島国ではスケール感が全く異なる。ともかく、なんとか共同研究に漕ぎ着けた。すぐに研究成果を求められるポスドクとしては勇気のいる5年間という長期の実験開始である。

そこで分かったのは、夏場に乾燥するプレーリー地帯では植物遺体が分解しにくく、腐植

図44　ジリスの巣。虎視眈々と私のサンドイッチを狙っている。

として安定化する割合が高いということだ。日本では蒸し暑い夏場に微生物の分解活動はピークを迎える。食べ物が腐りやすい理由でもある。これに対して、カナダのプレーリー地帯では寒く長い冬と乾燥する短い夏しかないため、微生物が植物遺体を充分に分解するチャンスがない。5年かかってもトウモロコシの葉は半分しかなくならなかった。そのあいだに、ミミズが植物遺体と土をまるごと食べてフンをすることで腐植と粘土との団結力が高まり、ころころっとした団子になる（図12、32ページ）。通気性、排水性にも優れた土となる。

それだけではない。プレーリー地帯では、あちこちにプレーリードッグやジリスの巣がある。ひょいと顔を出すジリスをかわいいなと観察していたら、周りはジリスだらけだった（図44）。私のランチを狙ってきたのだ。バナナを死守したものの、リンゴとサンドイッチを奪われた。今頃フンとなってチェルノーゼムの肥やしとなっていることだろう。プレーリードッグやジリスは日本でなじみ深いモグラのように土の中に巣（トンネル）をつくる。掘り上げた土のマウンドは10年ほどかけて直径12メートル、高さ1メートルまで成長する[22]。たった300グラムのジリス1匹が1年の間に1～4トンの土を運ぶ偉業だ。ジリス1匹でもこつこつ2500～1万年かけて1ヘクタールの土を耕すことができる。上下の土が混ぜ込まれることで、深くまで腐植のある肥沃な土となる。風に運ばれて堆積した細かな砂塵、草原の根、夏に乾く気候、ミミズにジリス。世界で最も肥沃なチェルノーゼムが生まれる条件は少なくなかった。肥沃な土をつくるのは、簡単なことではなかったのだ。

土をめぐる旅は、折り返しの六つ目までできた。残るは六つだ。

ホットケーキセットを支える粘土集積土壌

北米大陸のプレーリーに広がるチェルノーゼム地帯を北に外れると、空気も土も湿気を帯びはじめ、やがて森の木々が育つようになる（図45）。街路樹としてもおなじみのポプラやカンバ、カエデなど大きな葉っぱの植物たちだ。カエデの樹液を煮詰めると、メープルシロップになる。森の中は明るく、高原の自然公園のような雰囲気だ。木漏れ日を受けて、地面には草も生い茂る。蚊もずいぶん少なく、裏山とは大きな違いがある。その下にできるのが、七つ目の土壌、**粘土集積土壌**だ。

図45　ポプラの森（カナダ・サスカチュワン州）。

　雨が増えて森ができる環境に変わると、土も少しずつ酸性に傾く。中性だったチェルノーゼムから、若手土壌やポドゾルのような酸性土壌に近付いていく。農地の土としては劣化と見なすこともできるが、森の生物活動が活発になり、風化を促進するようになったことの表れだ。土が〝劣化〟する途中段階では、地表の粘土粒子が雨によって下へと流される。粘土集積土壌は、砂の多い表土と粘土の多い下層土の二層構造を持つ（図46）。少し酸性なのは玉にキズだが、下層の土は依然として肥沃だ。耕して混ぜこんでしまえば、豊かな牧草地や小麦畑に姿を変え、私たちに乳製品やパンを提供してくれる。チェルノーゼムとともに重要な〝朝ごはん土壌〟だ。粘土集積土壌には、チェルノーゼムよりも水があ

図 46　粘土集積土壌。粘土のへばりついた土の表面がテカテカ光っている。

る。肥沃な土はどのように発達するのだろうか。

一つの土に極端な二層構造が生まれるのには、水の動きが関係している。

雨が降ると、土の中を水が通過し、地下水となる。岩から溶け出したナトリウムやカルシウムは川を流れ、海まで運ばれる。これが日本人の常識だ。ところが、乾燥地では、水の蒸発や植物の根のストローによる水の吸い上げ（蒸散）によって下から上へと地下水が持ち上げられる力が強く働く（図47左）。すると、とくにカルシウムを多く含んだ水が土壌中を上へ下へと行ったり来たり、ウロウロすることになる。水が落ち着いたところで、根や微生物の熱い吐息（二酸化炭素）が溶け込んだ炭酸と結合すれば、炭酸カルシウム（$CaCO_3$、石灰岩やチョークと同

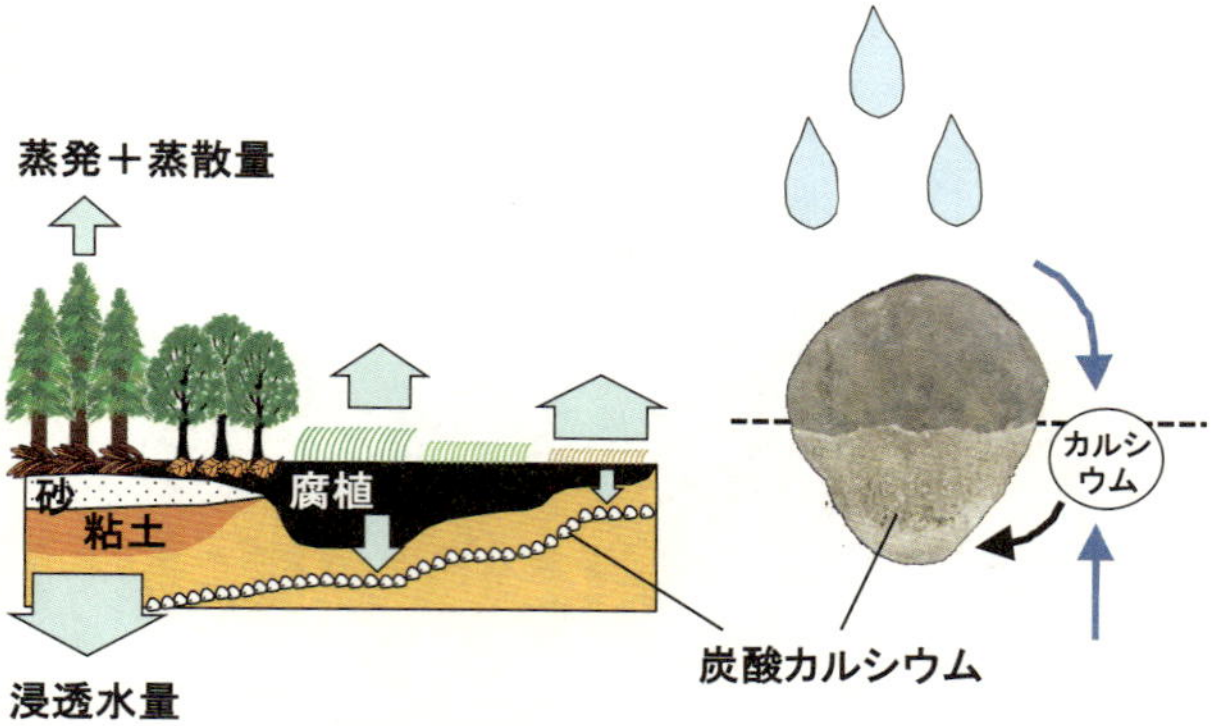

図47　（左）森林地帯から温暖なプレーリー地帯へ移動するにつれて水の蒸発・蒸散量が増加し、浸透水量が減少する。／（右）水の浸透と地下水の上昇の平衡地点で炭酸カルシウムが集積する。石の裏に多い。

じ成分）となって沈殿する。チェルノーゼムに埋もれた石ころを裏返すと、白い炭酸カルシウムがへばりついて隠れている（図47右）。粘土集積土壌では、このカルシウムが表土から洗い流され、下層土に集積する。こうして、表土は弱酸性、下層土はアルカリ性という中途半端な土となる。

この中途半端さは、粘土粒子の振る舞いにも伝染する。粘土の振る舞いは人間的で、粒子どうしは引き合うこともあれば、お互いの電気（気位の高さ）が反発して分散することもある。カルシウム（怖い先輩）が多い条件では、粘土粒子どうしは電気の衣（自己主張）を抑制して団結するが、カルシウムが表土から失われる（卒業する）と粘土粒子どうしが電気の衣（縄張り）を広げようとして、反発し合うようになる（図48）。すると団結していた土の構造は壊れる。これが表土から粘土がなくなる仕組みだ。下層土に到着した粘土どうしは、カルシウム（怖い先輩）を前に再び団結する。濁った川の水が海に流入するやいなや沈降する現象も似たような原理だ。

図48　カルシウム濃度の高い状態（右）から、カルシウムを取り除くと粘土が分散し始める（左）。

粘土集積土壌は、亜熱帯・熱帯にもある。こちらはアカシアやバオバブの木の点在する森林サバンナ、サファリパークの世界だ。雨季と乾季を持つモンスーン気候や地中海性気候に多い。土が中途半端なら、気候も中途半端だ。アフリカならば砂漠と熱帯雨林のあいだ、ちょうどナイジェリアあたりにヤムベルトと呼ばれるヤムイモ（山イモ、長イモの類）栽培の盛んな地域がある。粘土集積土壌を耕して「盛《も》り土《つち》」をすれば、通気性や排水性のよい土に変わる（図49左）。

高校の地理の勉強で、「テラ・ロッサ（赤い

図49　アフリカでヤムイモを栽培する盛り土（左）とフランスワイン農園の赤い土（右）。

土）」、「テラ・ローシャ（赤紫色の土）」という似た土の名前をわけも分からず丸暗記した人もいるかもしれない。ボンゴレ・ロッソあたりまで含めて頭が混乱してもおかしくない。どれも色をもとに現地の言語で名付けている。テラ・ロッサは南欧のワイン用のブドウやオリーブの栽培の盛んな赤い土だし（図49右）、テラ・ローシャはブラジルのコーヒー栽培が盛んな赤紫色の土、ボンゴレ・ロッソはパスタだ。パスタの赤いのはトマトの色だが、土が赤いのは鉄さび粘土が影響している。いずれも私たちの生活と関わる肥沃な土だが、12種類に分類するなら、どれも同じ粘土集積土壌だ。

粘土集積土壌は陸地面積の10パーセントを占め、世界人口の17パーセントが暮らしている。コーヒー、乳製品（牛乳、バター）、小麦にメープルシロップ。

図50　ひび割れ粘土質土壌。乾燥すると地割れが起こる（カナダ・サスカチュワン州）。

粘土集積土壌はホットケーキセットを生み出すだけでなく、ワインやヤムイモの大産地をも支えるチェルノーゼムに負けないくらい農業に適した土だ。

ひび割れ粘土質土壌と高級車

プレーリー地帯では、土壌の種類によって土地利用ははっきりと分かれる。砂丘地帯は放牧地かカジノリゾート、粘土質土壌は農耕地となる。前者が未熟土なら、後者の土壌の多くは肥沃なチェルノーゼムである。その中でも、極めて平坦な地形の一帯に、ひときわ高級な車を乗り回す農家の多い地域がある。かつて湖の底だった場所だ。その辺りを訪ねると、土はひび割れだらけだ。農家のおじさんたちは、トラクターがひび割れにはまると大変だと訴える（図50）。

実際に土を掘ってみようとすると、スコップの歯が立たない。ひび割れを起こすのは、粘土が多い土の特徴だ。土の中の粘土の割合は60パーセントもあった[23]。ネバネバした裏山の土ですら粘土は30パーセント。その2倍だ。粘土質の土壌は、水や養分を多く保持している。その分、肥料やスプリンクラーのコストが少なくて済む。この肥沃な土を**ひび割れ粘土質土壌**という（図50）。八つ目の土壌だ。小麦、キャノーラ、牧草を順番に栽培（輪作《りんさく》）しているが、収穫量が極めて多い。高級車に乗れる（純利益が多い）理由は、肥料や水管理にかかるコストに対して収穫高が大きいためだ。土が肥沃で収穫がよいくらいで高級車に乗れるのかと疑問に思うかもしれないが、カナダのプレーリー地帯では一農家が６０００ヘクタールもの農場を持っている。単位面積あたりの純利益はわずかでも、最終的な差は大きくなる。

粘土の性質を調べてみると、スメクタイトと呼ばれる伸び縮みする粘土が多い。下痢止め薬に使われる粘土だ。雨が降れば粘土の構造内部に水分子を取り込んで膨潤し、乾燥すれば収縮する（図17、43ページ）。２マイクロメートルもない粘土粒子だが、無数の粘土粒子が集まって土ができている。粘土の一粒一粒が収縮することで土壌そのものの体積が変わってしまう。これが、地割れの原因だ。地割れには地表から植物遺体や粘土が転がり込み、下層の土までも肥沃になる。おじさんの訴える問題も分かるが、メリットも多い。

雨が降って再びスメクタイトが膨潤すると、そこには上から落ちてきた土が居座っている。椅子取りゲームの最後の一つのスペースを奪い合うように、もともとあった土と上から落ちてきた土が押し合いへし合いする。やり場のない圧力は上に向かう。押し合いをする二つの土の面のうち、一方がむにゅっと上へ押し出される。そうすると、地上には小さな凹凸ができ、雨が降れば水たまりとなる。オーストラリアの乾いた草原に点在する水たまりは、カンガルーの貴重な水飲み場となる。ひび割れ粘土質土壌は、湖の底だった場所と玄武岩地帯に多い。スメクタイトは日本の水田にも多い粘土だが、よほど乾燥しないと地割れは起きない。

玄武岩と乾燥、二つの条件を満たすのがインドだ。

かつて存在した超大陸ゴンドワナ（今のアフリカ・南米・オーストラリア・マダガスカル・インドの集合体）を離脱して、単独で漂流したインド亜大陸はインド洋を北上し、ユーラシア大陸に衝突した。その途中で、恐竜絶滅の一因ともいわれる玄武岩質マグマ（スーパーホットプルーム）の噴出が起こり、巨大な溶岩台地が誕生した。現在のデカン高原である。そこには大陸の衝突によって隆起《りゅうき》（陸地面の盛り上がり）したヒマラヤ山脈から乾いた風（モンスーン）が吹き降ろし、ひび割れ粘土質土壌が発達しやすい乾燥条件もそろった。インドでは黒色綿花土（レグール土）とも呼ばれ、綿花（コットン）の大産地となった。機械化の進んだカナダなら苦にならないひび割れ粘土質土壌だが、乾燥した土はカチコチに固まり、耕そうにも人力では歯が立たない。インドでウシが大事にされている宗教以外の理由だ。

この肥沃な土は世界の陸地面積の2パーセントしかない。調査したカナダのプレーリー地帯にもそう多くはなく、大部分はインドのデカン高原やエチオピア高原の玄武岩地帯、オーストラリアに局在する。チェルノーゼムと同じく肥沃な土の生まれる条件は厳しい。

図51　砂漠土（中国・敦煌）。

塩辛い砂漠土

チェルノーゼムもひび割れ粘土質土壌も乾燥した草原の土だが、さらに乾燥すると草丈が小さくなり、塩分の多い土壌でも育つ野生オオムギやアッケシソウが現れる。ついにはポツポツとしか植物のない荒涼とした土地になる。1年のうち9カ月以上のあいだ土が乾き、植物がほとんど育つことができない乾燥地の土をまとめて**砂漠土**と呼ぶ（図51）。

ただ、あんまりにも大雑把な括り方で、現地に暮らす人々には失礼かもしれない。とはいえ、農業を行うには雨が少なく灌漑が不可欠だという点では一致している。砂漠のオアシスや巨大なスプリンクラーのアームで散水したサークル内のみが緑の島となる。サウジアラビアのオアシス農業ではナツメヤシが栽培され、お好み焼きのオタフクソースになる。これが砂漠土と私たちを結びつける最も身近なものだ。

身近なところの日本には砂漠土がない。日本では日照時間や過湿が作物の生育に悪影響を及ぼすことはあっても、水不足による不作は稀にしか起こらない。国土の7割を森林が占めているのも、日本の気候が湿潤だからだ。例外的に東京砂漠という言葉があるが、ここで欠乏するのは心の潤いであって水ではない。

乾燥地では、毎月の降水量よりも蒸発や植物の蒸散に必要となる水の量の方が大きい。すると、地下水が毛細管現象によって上昇し始める。乾燥地の地下水は塩化ナトリウム（食塩と同じ）などの塩辛い塩分を多く溶かし込んでいるため、地表面で水が蒸発すると、塩分を置き土産に残す（図52）。カナダの乾燥地帯で塩の析出した土をなめてみたが、確かに塩辛かった。その後、お腹まで壊した。おそらくは塩ではなくバイキンか、旅の疲れのせいだ。

いずれにせよ土は耕すものであっても、なめるものではない。９番目の砂漠土は、相撲の土俵のように一面に塩が広がっていた（図52）。

図52　塩類が集積した砂漠土（カナダ・サスカチュワン州）。白いのは食塩と同じ塩化ナトリウム。

塩類の集積した土壌では、植物は水分欠乏のストレスを受ける。ナメクジが水を奪われる原理と同じだ。日本の果樹園でいうところの少々の水分ストレスなら、リンゴの甘味が濃くなって美味しくなるということもあるが、乾燥地でいう水分ストレスは死活問題である。水を吸収できないと植物は枯れてしまう。このことを塩害という。

また、砂漠土のもう一つの問題は粘土だ。塩辛い土の中で、マイナスの電気を帯びた粘土粒子は、プラス電気を持つナトリウムイオン（Na^+）を引き付ける。ナトリウムは水の中でイオンになると多くの水分子に取り囲まれる（水和という）。そのナトリウムイオンに取り囲まれた粘土粒子はプラス電気の分厚い衣をまとったようになり（縄張りを広げた状態）、粘土粒子どうしが反発する。すると団結力を失い、バラバラの粘土となる。再び乾燥すると、カチコチの固い土（クラスト）となってしまう。要は、塩を撒くと土は固くなるのだ。空気や水の入り込むスペースが潰れ、植物の根も深く入っていけなくなると、生産力が落ちる。乾燥地では粘土が仇《あだ》となることさえある。砂漠土の塩類集積は、灌漑農業に依存した古代文明（メソポタミア文明やインダス文明）が破綻した要因となったとさえいわれている。

灌漑のない砂漠土では農業は不可能なため、残る選択肢は遊牧しかない。季節的な雨によって茂った草地をハシゴして、ウシやウマ、ラクダ、ヒツジ、ヤギなどの家畜を連れまわることになる。騎馬民族を率いてユーラシアに巨大な帝国を築いた〝蒼き狼〟チンギス・ハンやラクダを連ねたキャラバン（隊商）が行くシルクロードの世界だ。家畜のミルクと肉が生活の基盤となる。

砂漠土や塩類集積は遠い異国のことのようだが、身近なところにも存在している。ビニールハウスだ。大量の肥料を撒いて野菜を生産する温室栽培では、水の蒸発も速い。やはり、土壌の塩類集積が問題となる。塩類を除去するためにお金がかかれば、スーパーで買うトマトの値段に跳ね返ってくる。

塩辛い砂漠土だが、水さえ与えれば、肥沃な土に様変わりするものもいる。同じ乾燥地出身の土にはチェルノーゼムやひび割れ粘土質土壌もいる。少しふて腐れているだけで、やる気を起こさせれば能力を開花することもあるのだ。砂漠土は、可能性とリスクをあわせ持っている。

腹ペコのオランウータンと強風化赤黄色土

一転して熱帯雨林に目を移そう。降水量が多く、温度も高い。これは植物生産に理想的な条件だ。地上の植物の量を見る限り、熱帯雨林を生む土は世界で最も生産性が高いといっても過言ではない。人口増加のいちじるしい熱帯の土が肥沃なら、話が早い。

緑豊かな熱帯雨林とハイビスカスの花のように赤い土壌。コントラストが鮮やかな景色はエキゾチックだが、赤色の土なら日本にもある。それも東京都だ。山手線を浜松町で降りてフェリーに乗り継いだ1000キロメートル先、小笠原諸島である。航海には24時間以上かかるので、船酔いしやすい人は古《いにしえ》の遣唐使の大変さを実感することになる（私もそうだ）。亜熱帯の海洋島では、日本で見飽きた黒土や褐色森林土とはひと味違う、真っ赤な土を見ることができる。黒い腐植の層が薄く、鉄さび粘土（ヘマタイト）の色が鮮やかだ（図53左）。土壌の材料となった溶岩には鉄を多く含み、温暖・乾燥条件が強まるほど鉄さび粘土は赤くなりやすい。

図53　小笠原諸島の若手土壌（赤色土）（左）とアメリカ・ノースカロライナ州の強風化赤黄色土（右）。

しかし、日本では小笠原の赤い土といえども裏山で見た若手土壌のなかまにすぎない。日本列島は地形が急峻で隆起も活発なため、常に新しい岩石が土壌に供給される。これに対してアメリカ南東部のノースカロライナ州では、ヒマラヤ級だったアパラチア山脈が侵食されて緩やかな丘陵地帯になるほどの悠久の時間の中で土壌が発達した。強度に風化した末に、**強風化赤黄色土**となる（図54右下）。10番目の土壌である。小笠原の赤い土とは違い、表土が真っ白だ。長い時間をかけて粘土が下へと流され、表土には白い砂だけが残された。人間でいうところの白髪に相当する。粘土は下層に移動して集積する。

同じ強風化赤黄色土は東南アジアにも多い。

図54　インドネシア・ボルネオ島の熱帯雨林と強風化赤黄色土。土は深い。

訪ねたのは赤道直下のボルネオ島（インドネシア）に広がる、否、かろうじて残存する熱帯雨林だ。60メートルの背丈もあるフタバガキ科やドゥリオ（ドリアン）の樹木が新宿の高層ビルのようにそびえ立つ。小笠原と同じ島ではあるが、マレー半島とインドネシアの島々はもともとつながった陸地だった（スンダランドと呼ばれる）。氷河期や大陸との分断を経験しながらも数千万年にわたり熱帯雨林を支え続けてきた。アジアの中では、古い地質の島だ。

熱帯雨林で調査をするのは難しい。朝は雨雲や霧に包まれる。現地の共同研究者は、雨が止むまで待とうという。なぜか日本よりもインドネシアで有名な五輪真弓《いつわまゆみ》の名曲「心の友」をみんなで歌いながら晴れるのを待つ。昼になると赤道直下の日差しが容赦なく照りつける。夕方まで待とうという。夕方になって調査に行こうというと、そろそろマンディ（水浴び）にしようという。スコールも降り始めた。仕事にならないままドリアンを食べながら黄昏《たそがれ》時を過ごしていると、日本人は勤勉すぎるのかもしれないと考えさせられる。

熱帯雨林を語る本のたぐいには、豊かな森の下の土壌は薄く脆弱で、伐採すると不毛化する……ということが常套句のように書いてある。しかし、私の調べた限りでは、熱帯土壌が薄いというのは落葉層、腐植層に限った話であって、土そのものは深い。日本の山なら1メートルも土を掘れば岩石面に到達するが、熱帯雨林では数十メートルの深さまで土が続く（図54）。高温で湿潤な熱帯雨林では、活発な生物活動が岩石の風化を加速するためだ。

巨大な樹木は大量の栄養分を吸収するために、土へ多量の酸（水素イオン）を放出する。土だけで足りなければ、岩も溶かす。1年間に0・3ミリメートル厚の土ができる計算だ[24]。これは、日本の3倍、世界平均の5倍だ。結果として深くまで風化した土壌が残る。風化は、粘土を生み出す母のような一面を持つが、程度が過ぎれば土から栄養分を奪い去る死神のようにもなる。適度の仕事がやりがいや充実感をもたらす一方で、根《こん》を詰めすぎると過労につながるのと似ている。過度の風化によって強風化赤黄色土が広がるボルネオ島では、栄養豊かな土のあるスマトラ島よりも森のフルーツ生産量が少なく、それを食糧とするオランウータンのサイズがひとまわり小さい[25]。100億人どころか、はるかに数の少ないオランウータンすらお腹いっぱいにできない。期待外れである。

野菜がない

インドネシアで土を掘っていると、集まってくるのはマラリアやデング熱を媒介する蚊だけではない。日本人が汗だくになって土を掘るぐらいだから金脈でもあるんじゃないか？と思って、少し知恵をまわした現地の人たちが集まってくる。もちろん、さらに知恵のまわる人たちは、泥だらけの若者が金とは縁がないとすぐに分かり、離れていく。空港での出国手続の際も、職務質問の常連である。「日本に土はないのか？　この土はゴールドなんじゃないのか？」。人々が疑うのも無理はない。熱帯土壌は赤色や黄色が鮮やかで、キラキラしている。腐植が少なく、土の粒子をコーティングした粘土が輝くためだ。

熱帯雨林では落ち葉や枯死した根の土壌への供給量は多い。しかし、微生物（とくにキノコ）の分解能力が温帯の森よりも格段に上がるために、落ち葉や腐植は速やかに分解される。

結果として腐植が蓄積しにくい。そこへ、エルニーニョやモンスーンの影響によって季節的に乾燥すると、粘土粒子の接着剤となる腐植と水の働きが弱まる。砂場のお山が水を失うと崩壊するのと同じ仕組みだ。そこに再び雨が降ると、マイナス電気の大きいバーミキュライトや雲母のような粘土粒子どうしがケンカして分散し、流れ落ちる。やがて水の流れが落ち着くと、シート構造を持つ粘土粒子たちが仲良く折り重なって土粒子を覆い、キラキラと輝く。粘土集積土壌と同じ原理だ。粘土は化粧品（マニキュアのラメ）として女性を輝かせているが、強風化赤黄色土を輝かせるのが本来の業務だ。

強風化赤黄色土をチェルノーゼムや粘土集積土壌と比較すると、腐植と粘土が少ない酸性の表土を持つ痩せた土壌という評価となる。一番の問題は、酸性土壌には植物の根に有害なアルミニウムイオン（Al^{3+}、酸性で溶けやすい）が多いことだ。樹木は根から有機酸を放出することでアルミニウムイオンを捕獲し、無毒化することができる。しかし、乾燥地で生まれた作物の多く（コムギやトウモロコシ）は、見たこともないアルミニウムイオンを処理する能力が低い。地球で最も植物の生産力の高い東南アジアの熱帯雨林だが、それは酸性土壌を好む樹木には適していても、作物栽培には厳しい環境だった。

もちろん現地の農家は諦めていない。痩せた土壌から必死に栄養分を集めた樹木は、人間

図 55　ジャワ島（インドネシア）高原地帯でニンジンを栽培する段々畑。

にとってみると利用しやすい〝肥料〟だ。伐採した木々を燃やせば、アルカリ性の草木灰《そうもくばい》となり、酸性土壌を中和できる。この焼畑農業によって、稲作やイモ作が可能になる。森には、ドリアンやマンゴー、バナナにパパイヤなどトロピカルフルーツも豊富にある。豚の生姜焼きやカレーに欠かせないショウガやウコン（ターメリック）も生えている。東南アジアの熱帯雨林に棲むキジのなかま（セキショクヤケイ）に起源を持つ地鶏の照り焼きも美味しい。

　これに対して、閉口するのは野菜の少なさだ[26]。ボルネオ島の庶民の食卓ではニンジン、キュウリ、トマトがわずかに並ぶのが精いっぱいで、それらも隣のジャワ島の高原地帯で生産されたものが届いている（図55）。湿潤熱帯の環境では野菜が病気

図56　レンガにもなる赤い土（左、タンザニア・舟川晋也氏提供）と典型的なオキシソル（右、ブラジル・ロンドニア州）。

にかかりやすく、腐植や栄養分の乏しい酸性土壌は野菜栽培には適さない。熱帯低地の強風化赤黄色土の厳しい現実である。

幻のレンガ土壌

残る土壌はいよいよ二つだ。熱帯雨林には、強風化赤黄色土よりももっと強度に風化した真っ赤な土があるという。あらゆる栄養分が失われた末に、アルミニウムや鉄さび粘土だけが残った土はオキシソル（酸化物オキシ＋土壌ソル）と呼ばれる（図56）。古い地理の教科書を紐解けば、熱帯雨林では激しいスコールによって土が風化すると、レンガのような「ラテライト」土壌（ラトソル、レンガ土壌の意味）になると書いてある。土の世界地図を見渡すと、東南アジアもアフリカも南米も熱帯雨林地帯はみな、真っ赤なラテライト土壌に塗られている。熱帯雨林を伐採してしまうと土はレンガと化し、不毛な大地となるという。どれも真っ赤なウソだ。

インドネシアで見た土は、先ほどの強風化赤黄色土ばかりだった。侵食（若返り）を受けやすい丘陵地の土壌では、雲母やバーミキュライトなどの栄養分を多く保持する粘土が多い。オキシソルがあるとすれば、侵食の少ない平坦な低地しかない。そう考えて丘を下りてみると、果たして、そこに広がっていたのは湿地林（スワンプ）と泥炭土だった。丘から低い方へと水が流れ込むためだ。沼地にはまった私を待っていたのはオキシソルではなく、ヒルの襲撃だった。

ここから得た教訓は、地図や理論を信じすぎてはいけないということ、そして、オキシソルのできる場所は平らな地平線に黄色い太陽が沈むような平原に限られるということだ。それは、東南アジアには少なく、南米アマゾンと中央アフリカのコンゴ平原に広がっている。

東南アジアと南米やアフリカの一番大きな違いは、地質年代にある。南米大陸とアフリカ大陸は、かつては一つの大陸（ゴンドワナ）だった。もともとの材料である花崗岩には砂が多かったはずだが、5〜20億年にわたる風化によってその面影はなくなり、鉄の濃縮した岩が土の材料となった（安定陸塊《りくかい》という）。これに対して、東南アジアの土の材料は、数百万

～数千万年の古さしかない。どちらも充分に古いようだが、ヒトにたとえると百歳と一歳児くらいの違いになる。東南アジアの新鮮な岩石（花崗岩や堆積岩《たいせきがん》）には気位（電気量）の高い雲母やバーミキュライトが多く含まれ、粘土どうしが反発し合って分散し、強風化赤黄色土となった。オキシソルにはなりにくい。

青い岩から生まれた赤い土

ボルネオ島にオキシソルは見あたらない。どうしたものかと途方に暮れる私の前を、油やしを積んだトラックが通り過ぎた。過積載していることよりも気になったのが、トラックを汚す赤土だ。ボルネオ島の強風化赤黄色土は、その名に赤を戴いているが、黄色いことの方が多い。トラックの赤土はまぎれもなく、鉄さび（ヘマタイト）の色であり、オキシソル地帯に多い。赤土の付いたトラックを追走すること４時間、たどり着いた先には油やし農園、レンガの工場と蛇紋岩の採掘場が集まっていた。青い岩の上には、念願の真っ赤な土が乗っている（図57）。11番目の**オキシソル**だ。森林を切り拓いて油やし農園になってはいるが、赤土はレンガにはなっていない。乾かすなり焼くなりしないとレンガにはならないのだ。

蛇紋岩は、大地の裂け目から噴出したマグマからできる鉄とケイ素、マグネシウムの塊で

図 57　蛇紋岩の採掘地とその上のオキシソル（インドネシア東カリマンタン州）。

ある。日本でも糸魚川《いといがわ》・静岡構造線（フォッサマグナ）にヒスイと一緒に見つかる。熱帯雨林で蛇紋岩が風化すると、マグネシウムとケイ素が急速に失われ、鉄さび粘土が濃縮したオキシソルとなる。

裏山と同じく、世界中の土の中を流れる水を調べて土の健康診断をする。すると、鉄の少ないポドゾルや強風化赤黄色土では、落ち葉や根から放出された有機酸（クエン酸やリンゴ酸など）が粘土を破壊し、アルミニウムや鉄を溶かして砂だけを残すことが分かった。破壊力を持つ有機酸による「炭酸レモン水」型の風化だ。一方、オキシソルでは、多量の鉄さび粘土が有機酸を吸着して取り去ってしまう。残されるのは、微生物や植物の根の吐息を溶かし込んだ「微炭酸水」だ。破壊力の小さい微炭酸水は、鉄さび粘土やアルミニウムを溶かすことができないかわりに、相方のケイ素を溶かして流し去る働きが強い。結果として、鉄さび粘土が集積した土となる。とくに蛇紋岩のケイ素は石英の60倍速で風化して失われるため、若返りの速い東南アジアの地質でも例外的にオキシソルを見ることができた[24]。そもそも鉄が多い材料をスタートラインとし、さらに鉄さびを濃縮する土がオキシソルだった。鉄さび粘土は接着剤となって土の粒子の団結を高めるため、粘土の塊のような土となる。

粘土が多いなら肥沃となりそうなものだが、オキシソルは養分を多く保持できない。雲母やバーミキュライトが溶けてなくなり、カオリンや鉄さびのような元気（電気）のない粘土が増えるためだ。栄養分をたくさん保持できる園芸用の粘土から、ファンデーション用の安定した粘土に変わる。すると、粘土のマイナス電気が減ってしまい、カルシウムイオンなどプラス電気を持つ栄養分を吸着できなくなる。鉄さび粘土はプラス・マイナスの電気を持つが、その力は一定しない（周囲のpHによって変動し、酸性ではマイナス電気が減ってしまう）。リーダーの方針がブレると部下が付いてこないのと同じで、養分の保持力が小さいオキシソルが貧栄養、不毛な土といわれる理由だ。

スマホも土からできている

幸運なことに、日本には貧栄養なオキシソルがない。鉄やアルミニウムの酸化物ばかりの土は、不毛な土という烙印を押されているが、見方を変えれば、純度の高い鉄やアルミニウムの塊でもある。遠い異国の土は、スマートフォンにも使われている。高性能にして軽量なボディを可能にしているアルミニウムは、もとをたどればオキシソルだ。

日本が幕末を迎えていた頃に開催されたパリ万国博覧会で、ナポレオン三世が紹介したのが「粘土から生まれた〝銀〟アルミニウムだった（日本の展示ブースでは芸者やカブトムシなどが紹介された）。アルミニウムの原料となった〝粘土〟は、ボーキサイトという。それはオキシソルの中のアルミニウム酸化物（ギブサイト）が高純度で集積・固結したものだ。オキシソルには資源としての価値があったのだ。

アルミニウムなら日本の土にも多いが、寂しがり屋のケイ素とアルミニウムの結合を切り離すのは難しく、コストが高くつく。オキシソルは鉄さび粘土（ヘマタイト）も多く含むため、アルミニウムを工場で分離すると赤色の泥（赤泥《せきでい》）がゴミとなる。赤泥は強アルカリ性だ。日本でもかつてはアルミニウムを自国で分離し、赤泥を太平洋の大海原に捨てていたが、そんな大らかな時代は終わった。国際的な自然保護団体に睨《にら》まれることになる。日本がアル

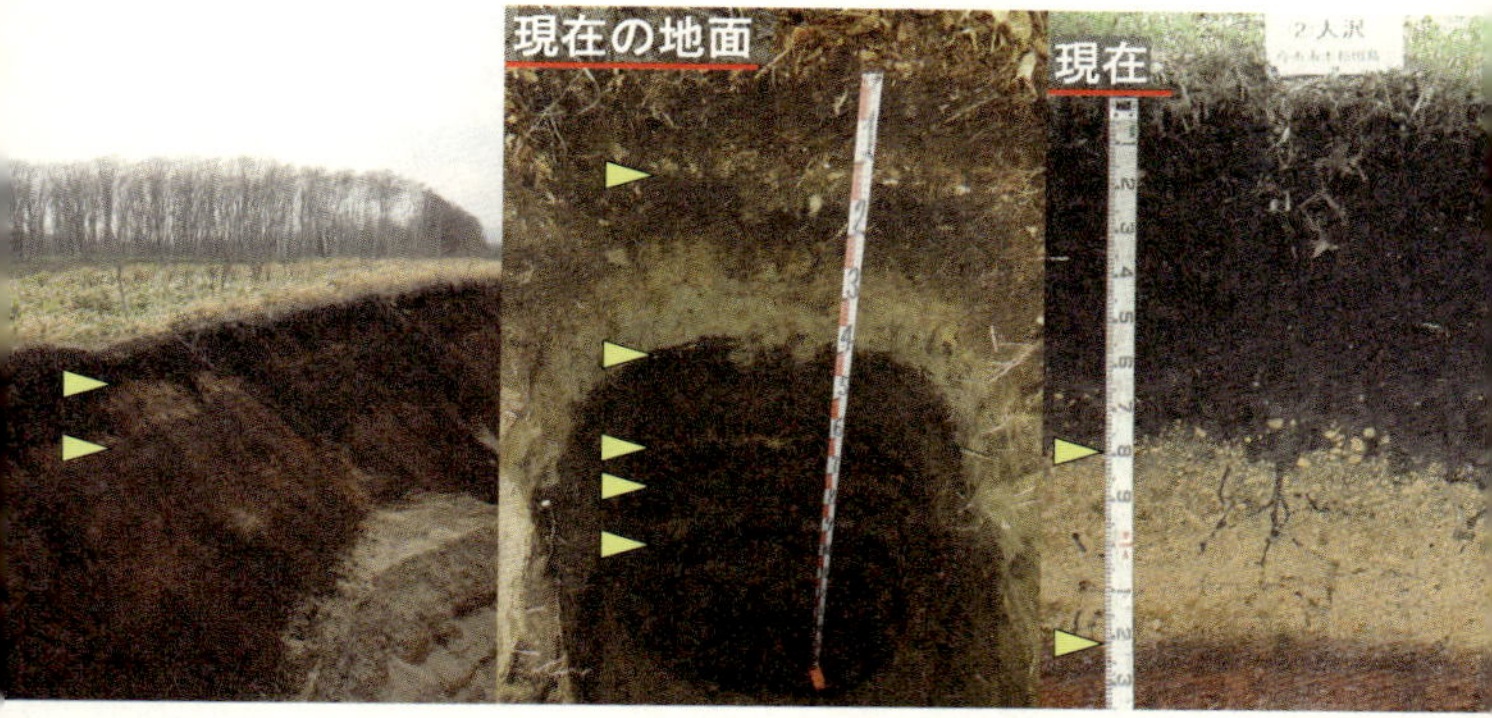

図 58　黒ぼく土（左から北海道中標津、北海道標茶、栃木県今市）。黄色い印は、過去の地表面を表す。

ミニウムを輸入に依存し、空き缶のリサイクルが盛んな裏には、オキシソルがないという土の事情がある。そのままでは価値の低いオキシソルだが、工業や農業の技術革新によって新たな価値を持ち、私たちの生活と深く結びつき始めている。

黒ぼく土で飯を食う

日本に戻ろう。ここまで世界を旅してきたが、最後の土壌はむしろ外国には少ない。日本でよく見かける黒い土だ。黒さに加えて、歩くとボクボクいうことから、**黒《くろ》ぼく土《ど》**と呼ばれている（図58）。子供の頃にミミズを集めた私の手を真っ黒にし、甲子園の高校球児たちの白いユニフォームを黒く染める土だ。日本中を旅した俳人・松尾芭蕉も俳諧集『猿蓑《さるみの》』の中で、「足袋ふみよごす　黒ぼこの道」

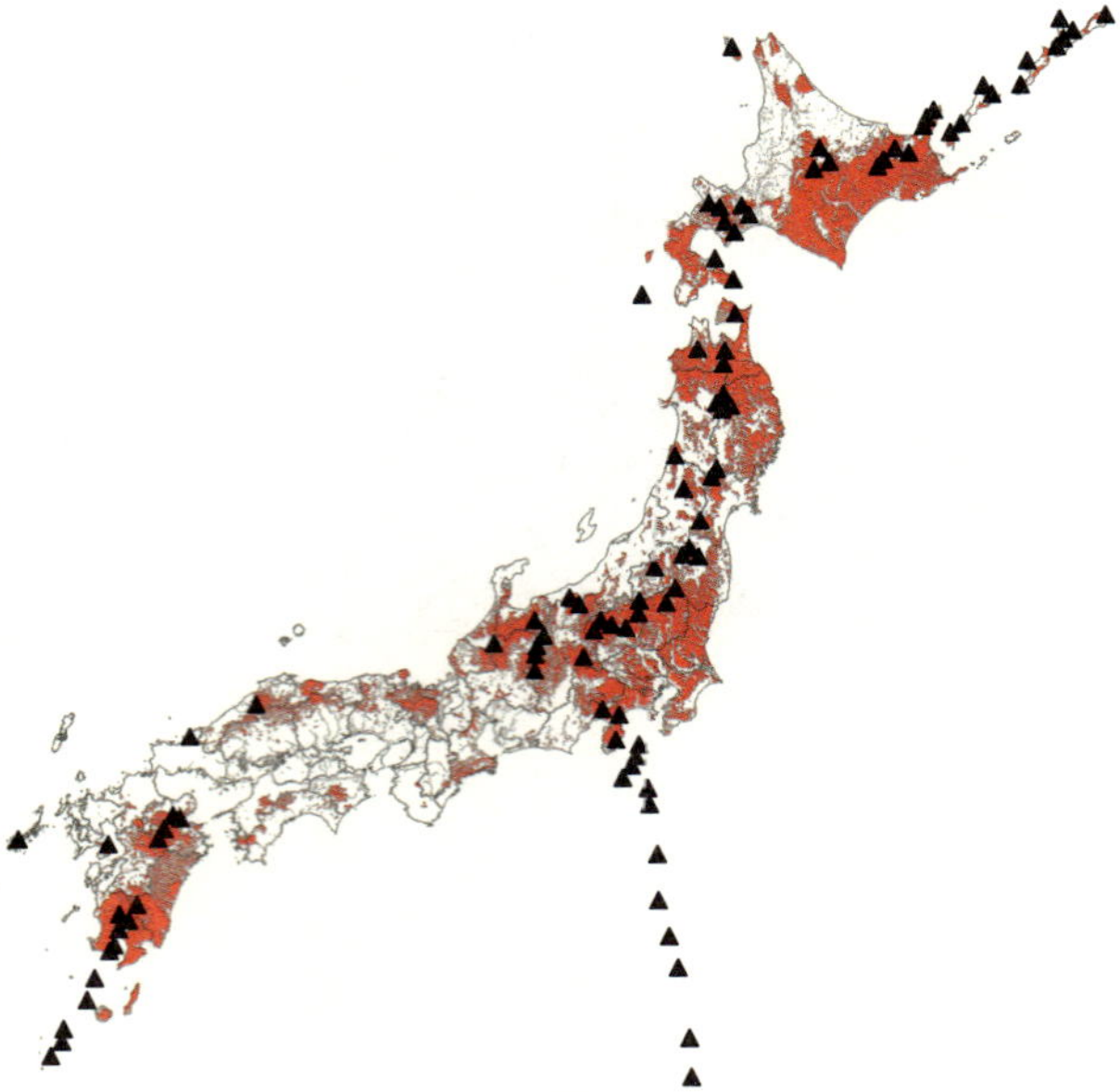

図59　黒ぼく土の分布（出典：日本土壌インベントリー）と火山の位置。火山灰の影響だけなら、さらに真っ赤に染まる。

(道は黒ぼく土、足袋を汚してしまった）と詠っている。黒ぼく土は、北海道から東北、関東、九州に至るまでほぼ全国に分布している(図59)。その分布は、火山や温泉の分布と一致する。

土が黒いことは、腐植の多い肥沃な土の証しだ。黒ぼく土は、チェルノーゼムよりも多くの腐植を含んでいる。毎日目にしているから気付かなかったが、肥沃な土はわざわざ外国に行かなくても日本にもあるではないか。

個人的なことだが、黒ぼく土には、もう一つ、別の期待もしていた。研究予算の獲得である。いろんな人に甘えて旅を続けてきたが、そろそろ独立したい。しかし、「１００億人を養ってくれる土を探す」なんていう青臭い誓いは、社会で受け入れられたことがない。研究費の助成や研究職への応募書類で熱い思いを訴えたが、飽食の日本で食糧不足の危機感は共有されないし、土の成り立ちの基礎研究から始めるのではゴールが遠すぎて説得力に欠ける。予算もとれないし、就職もできない。１００億人を養ってくれると期待した土は、私ひとりすら食べさせてくれない。この厳しい現実の打破を黒ぼく土に託した。

黒ぼく土がなぜ予算獲得につながるかといえば、地球温暖化という今日的な課題と結びつくからだ。土を肥沃にする腐植は、もとは植物が二酸化炭素を固定したものだ。腐植の半分は炭素から構成される。陸上の土壌中の腐植に含まれる炭素をすべて足して合わせると、大気中の二酸化炭素の約2倍、植物中に存在する炭素の約3倍にもなる（図60）[27]。単純計算でいくと、土壌中の腐植のすべてが二酸化炭素になれば、大気中の二酸化炭素濃度は3倍になってしまうほどの影響力を持つ。逆にいえば、腐植を多く蓄積する黒ぼく土は、大気中の二酸化炭素濃度を下げて温暖化を緩和する仕事をしてくれている。この機能を維持・増強でき

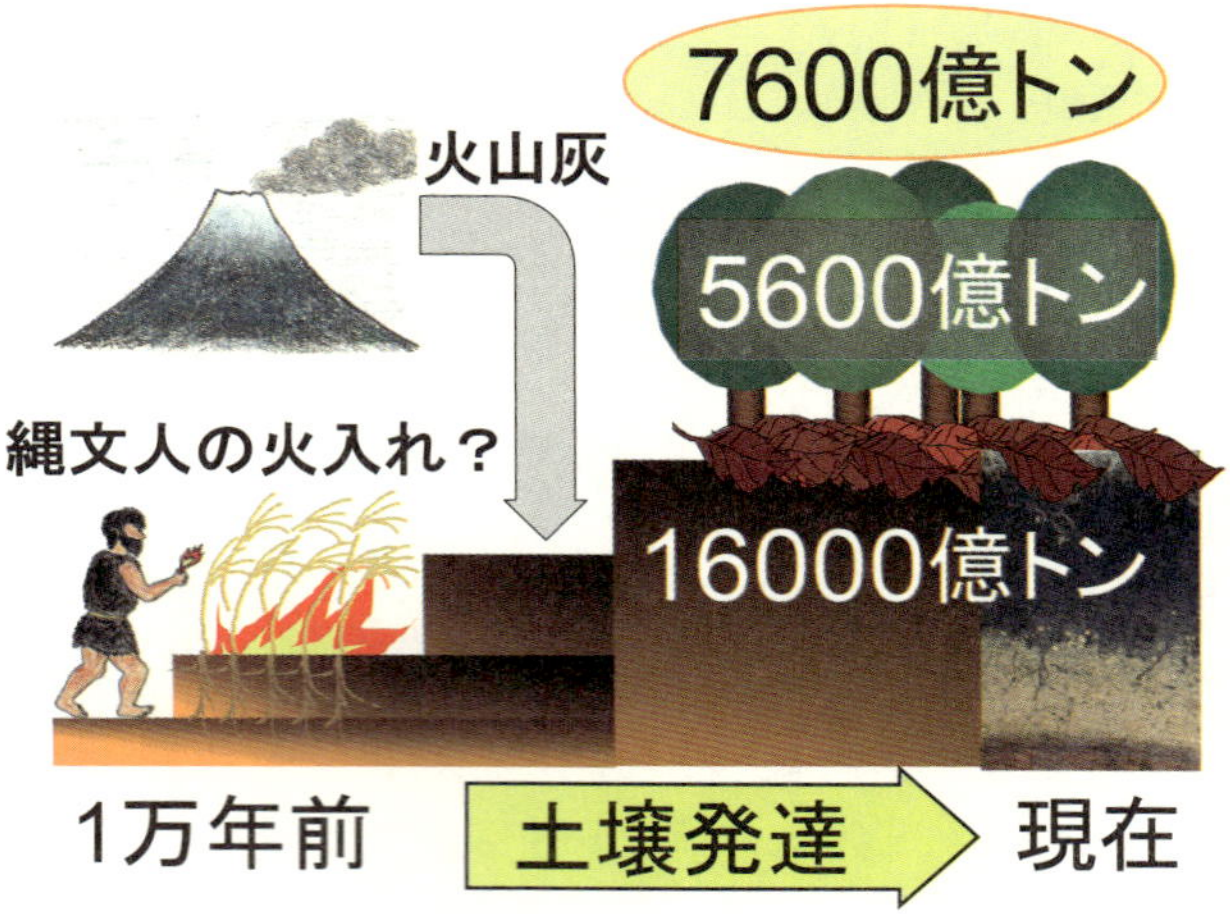

図60　黒ぼく土の発達過程と生態系の炭素蓄積量（陸地全体）。

れば、温暖化緩和に貢献できる。

提案課題は採択され、研究を始めて10年、初めて自分で研究費を獲得して研究できるようになった。足元の黒ぼく土には頭が上がらない。

盛り上がる黒ぼく土

裏山と同じく、どこにでもある黒い土を研究材料にするということは、アイデアがきらりと光らないと変わり映えがしない。研究の切り札は、土に残る火山灰層や遺跡・遺物だ。例えば、1万年前に堆積した富士山の火山灰層の上にある土壌はその後の1万年間に蓄積した腐植だと分かる。古墳や平安時代の遺跡の上に土壌が蓄積していれば、平安時代以降に蓄積した腐植だと判断できる。賞味期限の記載されたおかしのパッケージが土に埋まっていれば、それさえも時間の指標となる。考古学では火山灰を時間の指標とすることがあるが、逆に考古学の指標を土壌の年代推定に逆輸入するアイデアだ。最新機器によるイノベーションと比べると地味なアイデアだが、自分の研究のウリや独創性は地味さにこそあることにだんだん気が付いてきた。

調べていくと、日本の黒ぼく土の発達は異常に速いことが分かった。平均すると1万年のあいだに1メートル、１００年に1センチメートルの厚さの土ができる。これは南米やアフリカのオキシソルの10倍速だ。縄文時代の人々が暮らしていた1メートル下の地面から盛り上がってきたことになる。火山灰は噴火口に近いほど多く、偏西風に乗って東側に多く堆積する。火山噴出源に近い鹿児島や北海道では、とくに火山灰の堆積速度が速い。

日本の場合、ただ火山灰が堆積しただけではない。土が真っ黒いのだ。自慢になるかどうかは不明だが、土の黒さで日本の右に出る国はない。土の黒さの原因は、腐植だ。光を吸収する二重結合、とくに芳香族物質（ベンゼン環を持つもの）が多い。古い腐植は数千年～1万年前の植物遺体に起源を持つものもある。縄文人の火入れに由来すると思われる炭も見つかる。黒ぼく土の黒さは、縄文時代からの積み重ねの賜物だった。

チェルノーゼムやひび割れ粘土質土壌も黒いが、黒ぼく土に埋蔵される腐植の量は、これらの土壌の10倍だ。チェルノーゼムとひび割れ粘土質土壌が乾燥によって腐植の分解を免れているのに対し、黒ぼく土は年中湿潤で温暖な、日本生まれ、日本育ちだ。蒸し暑い夏、食べ物が腐りやすいのと同じ原理で、土の中の微生物も元気だ。なぜ土の腐植は分解されてなくなってしまわないのか。土が黒いことを知っている日本人は多いが、なぜ日本の土が真っ黒なのかを統一的に説明することは、研究者ですらできていない。世界を旅した末に、最も難しい問題が日本に残されていた。

黒ぼく土はなぜ黒いのか

訪ねた長野県八ヶ岳のふもとの野辺山高原は、ＪＲ鉄道最高地点だ。高原野菜が有名で、軽井沢までを結ぶ国道は野辺山高原サラダ街道と名付けられている。ハクサイやキャベツの箱詰めをトラックに積み込む作業員の足元には黒い土が見える（図61）。物欲しげに土を見ていると、キャベツ１株を分けてもらえた。スコップ１本に加えて、マヨネーズ１本を携帯してくるべきだった。

黒ぼく土の上に堆積した落ち葉の様子を観察すると、１年もすれば跡形がなくなる。５年経過しても落ち葉の半分が残存していたチェルノーゼムとは大違いだ。蒸し暑い日本では、夏休みの自由研究の材料に使えそうなほど落ち葉の分解が速い。大人になってからやる気に火のついた〝自由研究〟は、壁にぶつかった。「微生物による分解活動が遅いために、腐植が集積する」と思っていたのに、落ち葉の消失は速い。つじつまが合わない。落ち葉が腐植になるまで丁寧に観察しようとするなら、数千年かかる。そこまで続ける気力はない。

図61　八ヶ岳のふもとの黒ぼく土に広がるサラダ街道の景観（野辺山）。

姿を消した落ち葉の炭素の行方を追跡したいが、地球上には落ち葉以外にも炭素があふれている。腐植も炭素を含むし、ため息にも二酸化炭素が含まれる。唯一の救いは、炭素には自然界にほとんど存在しない同《どう》位《い》体《たい》（^{14}C）があることだ。実験室内で落ち葉から放出される炭素を放射性炭素（^{14}C）で色付けして追跡するという特殊な実験で、炭素の行方を追跡できる。ＮＡＳＡが火星探査機を使って無人化した実験と同じだが、こちらは人間が機械のように働く。放射線を出

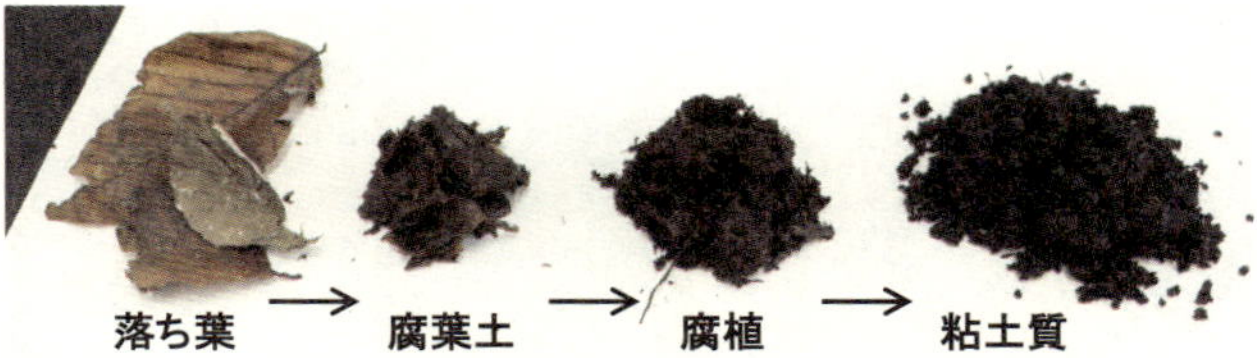

図62　落ち葉が腐植になるまで。徐々に粘土と結びつく。

す放射性物質を扱う危険な実験は閉鎖空間で行うため、孤独なところだけは火星と同じだ。

実験の結果、落ち葉は二酸化炭素に戻ったわけではなく、細かく分解された腐植やそれを食べた微生物の遺体へと姿を変えただけだと分かった。植物遺体がそのまま堆積する泥炭土とは違い、植物遺体がどんどん変質し、粘土と交わり（吸着）、黒の組織へと姿を変える（図62）。黒ぼく土には、バーミキュライトのようなきれいな結晶を持つ粘土が少ない代わりに、極めて反応性の高いアロフェンと呼ばれる粘土が多い（図18、45ページ）。この粘土が腐植と強く結合するために、蒸し暑い日本でも腐植は数千年も保存される。火山灰が新たに堆積することで腐植が地下に埋没すると、さらに微生物に分解されにくくなる。真っ黒い土には、まだまだ新たに腐植を吸着する能力が残っていた[28]。なんともすごい土だ。

世界を見渡しても、名にし負う火山灰土壌は、やはり火山の近くにある。プレート同士がぶつかる環太平洋造山帯に位置するチリ、グアテマラ、アメリカのオレゴン州、日本、フィリピン、インドネシアのジャワ島、パプアニューギニア、ニュージーランドは火山が集中している地域だ。アフリカではケニアやタンザニアのキリマンジャロのように、コーヒーの産地として有名な場所も多い。イタリアのシチリア島やポンペイ、アイスランド、ハワイにも火山灰土壌がある。ただ、あわせても陸地面積の1パーセントにも満たない。それなのに、日本の土の30パーセントを黒ぼく土が占める。日本は、世界的にはレアな土が集中している不思議な国だ。

チェルノーゼム、ひび割れ粘土質土壌よりも多くの腐植を含む黒ぼく土だが、違いは酸性だということだ。しかも、腐植を吸着する粘土（アロフェン）は、同時に、リン酸イオンも強く吸着する。作物生育に必須な栄養分であるリン酸イオンが作物に行き届かなくなってしまう。これでは肥沃とはいえない。黒くフカフカした土の抱える多くの課題を乗り越えて高原野菜は食卓に届いている。そのことを痛感したのは、また後のことだ。

肥沃な土は多くない

北極圏から赤道直下まで1万キロメートルを駆けずりまわり、ようやく地球の12種類の土をすべて見ることができた。土のグランドスラム達成である。トロフィーがあるわけではない。12種類の土をすべて集めると願いが叶うわけでもない。メガネとスコップに残った多くの傷と引き換えに分かったことがある。

肥沃な土壌は、そう多くないということだ。地球にある12種類の土のうちで単純に肥沃と呼べる土はチェルノーゼムと粘土集積土壌、ひび割れ粘土質土壌くらいだ。そして、これらの土は局在している。

作物のタネとは違い、土は融通が利かない。運ぶには重過ぎるし、増やすこともできない。そう簡単に土の性質を変えることもできない。隣の国によい土があるからといって、簡単に引っ越すわけにもいかない。仮によい土があったとしても、それだけではだめだ。多くの人を養うには、よい土が広い面積に分布することが必要だ。水も要る。そこに適した作物も違う。そして、トラクターも肥料も農薬もお金がかかる。水と土に恵まれた惑星といえど、100億人を養う土を見つけることはそう簡単なことではないのだ。

動植物と違って、これ以上の新種の土が発見されることはない。肥沃な土があれば、それは耕され、掘り尽くされている。これはNASAの惑星地球化計画を後押しするものではない。土を肥沃に変えることや、肥沃な土の能力をさらに高めることはできるはずだ。まだこの地球《ほし》にも可能性はある。少し背伸びをして、世界を見渡そう。

第3章 地球の土の可能性

宝の地図を求めて

世界の土を見て理解したようなつもりになっていたが、12種類の土と出会う旅の中で見たものは、世界地図の中のパズルの1ピースずつに過ぎない。現在の70億にも及ぶ世界人口の食糧を生産している肥沃な土はどれなのか。100億人を養う余力を持っているのは、どの土なのか。重要なことはまだ分かっていない。この問いに答えるためには、世界全体の土を見る必要がある。世界の土をすべて見て回るわけにはいかないので、過去に世界中で調べられたデータが頼りになる。「知は、現場にある」というキャッチコピーを持つ光文社新書でいうのもなんだが、知の多くは図書館や研究機関にも集積している。

スコップで土を掘るのが仕事だといっても、世界中すべての森と畑を穴だらけにするのが目的ではない。体力も財力もないし、時間がいくらあっても足りない。スコップで土を掘る仕事の最終目的は、スコップで掘らずとも土を予測できるようになることだ。私の仕事がなくなってしまう問題はあるが、信頼できる土の地図があれば、地球上の土と食糧や人口の関わりを明らかにすることもできる。

食糧や農業に関するデータなら、国連の食糧農業機関（ＦＡＯ）が有名だ。ＦＡＯの本部はイタリアのローマにある。映画「ローマの休日」の舞台で世界の食糧問題に取り組む自分の姿を思い浮かべた。ところが、ＦＡＯには支店があった。タイの首都バンコクだ。熱帯雨林の研究をやってきた私が赴任できるとすれば、アジア支店だけだと知った時は、正直、がっかりした。バンコクは、いつも調査で行く場所だ。アジアの森だけでなく、世界の食糧と土壌に関わるなら、別のアプローチしかない。

ちょうどそのころ、ＦＡＯの主導のもと、食料安全保障と気候変動に向けて土壌保全を目指そうという国際連携の活動（グローバル・ソイル・パートナーシップという）が立ち上げられていた。その中には、世界中で調べられた土壌の情報を共有しようという活動もある。実現すれば、世界中の土壌情報を入手できる。土壌情報の共有を加速するルール作りの委員会メンバーを募集していたので、立候補することにした。「英語なんて言葉なんだ。こんなもの、やれば誰だってできるようになる」という予備校のＣＭが背中を押してくれた。

世界中の土の研究者には、それぞれ仕事の流儀がある。土が違うと、そして、スコップや体格が違うと、土壌の採取方法や分析方法が異なる。データの単位が違うと、比較すらできない。みんな自分の流儀を変えたくないのでケンカになることもある。スポーツの国際ルール改正論議でもめるのと同じだ。データ提供を嫌がる国もある。根拠となるデータが足りないと、ウソだらけの土の地図が生まれたりする。北海道がポドゾル一色に塗られていたり、熱帯雨林地帯がすべてオキシソルに塗られていたのがいい例だ。方法や単位を統一できれば、世界中の土壌を一つの基準で見つめることも可能になる。

世界中から集まった委員会メンバーの議論はメールでやり取りする。みんなの意見を最大公約数的にまとめていく行政文書の言葉選びは、英語の問題ではないことに愕然とした。日本語の問題だった。恐ろしいことに、私が何もしなくても優秀な面々が議論を進めてくれるのだが、油断すると極東の島国の土壌の情報が活かされず雑に扱われてしまうこともある。データが使われないと、北海道がポドゾル一色に塗られるような事態になってしまう。

チャンスをうかがっていると、メンバーでつくり上げた原稿は、英語を母語とする人々が作文したにもかかわらず読みにくいことに気が付いた。イギリス英語とアメリカ英語が混在するためだ。行政文書としては問題だ。私の出番とばかりに、文法だけが得意なジャパニーズ・イングリッシュに統一する役割をこなす。ちゃっかり日本のデータも活かせるように改訂する。自信満々に変な英語へと改訂する日本人を見て、ラテン・アメリカでの留学経験があるに違いないと誤解されていた。それでも、提言はなんとか承認され、世界中の土壌のデータを共有しやすくなった[29]。肥沃な土の世界地図は、私にとっては宝の地図だ。

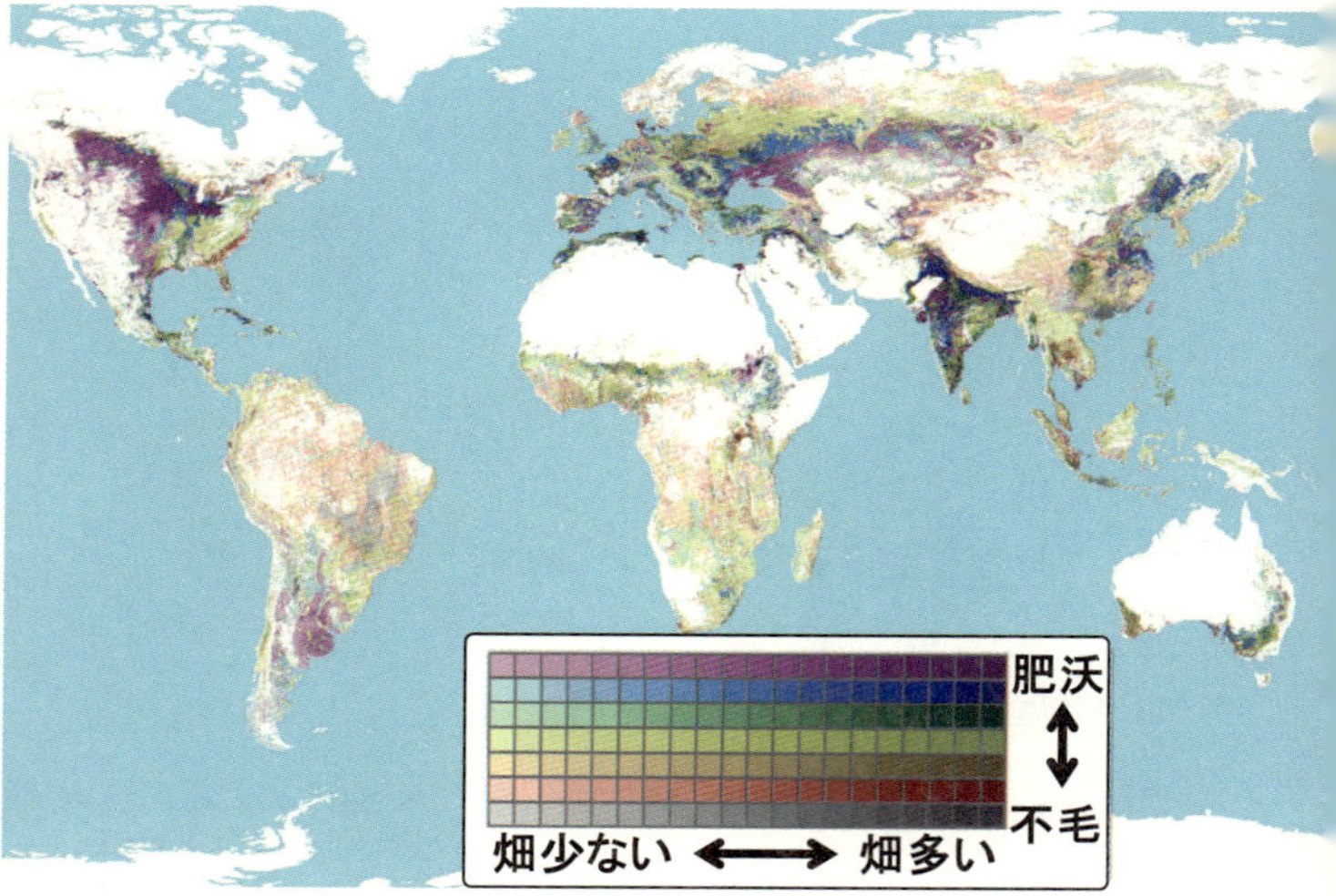

図63　世界の肥沃な畑の土マップ。紫色が濃いほど肥沃な農地が多いことを示す。Woolf et al.(2010) を改訂[30]。

世界の人口分布を決める土

統計データをまとめた世界地図を見渡す中で、最も衝撃を受けた地図が二枚ある。一枚目は、肥沃な畑の密度を示す地図だ（図63）。肥沃な畑の多い（色が濃い）場所は、チェルノーゼム、粘土集積土壌、ひび割れ粘土質土壌のある場所だ。畑の土が肥沃な地域ほど、農地として開発されている割合が高い。インド、中国という人口増加の著しい場所は、同時に肥沃な農地の多い場所でもあった。

ウクライナ、北米プレーリー、パンパ、中国東北部のチェルノーゼム地帯には、肥沃な農地が広がっている。こ

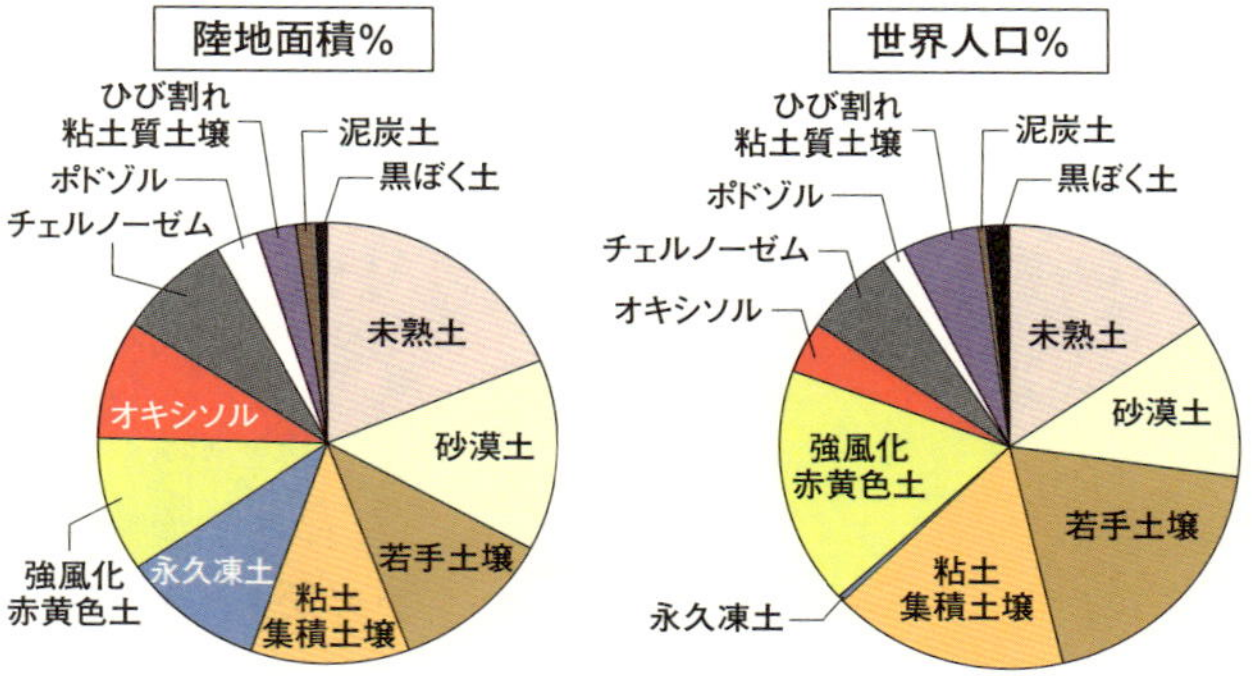

図 64　土壌種別の世界の陸地面積と人口割合。

れに対して、北極圏の永久凍土や泥炭土、未熟土の広がる地域にはほとんど農地がない。フィンランドの人々がなぜ農業のできない土地を選んだのかと自問自答する理由である。貧栄養なポドゾル、オキシソル地帯も人口は少ない。それぞれ、マツ林はウサギやビーバー、熱帯雨林はゴリラやチンパンジーのすみかに適してはいても、農業には適していない。

支える人口が多い土壌のトップ3は、粘土集積土壌、強風化赤黄色土、若手土壌だ。この3種類の土壌が陸地面積に占める割合は30パーセントに満たないが、世界人口の半分を養っている（図64）。乾燥地のチェルノーゼム、ひび割れ粘土質土壌、砂漠土も陸地面積の20パーセントを占めるに過ぎないが、世界人口の40パーセントのための食糧を生産している[31]。つまり12種類のうちの半分の土で世界人口の

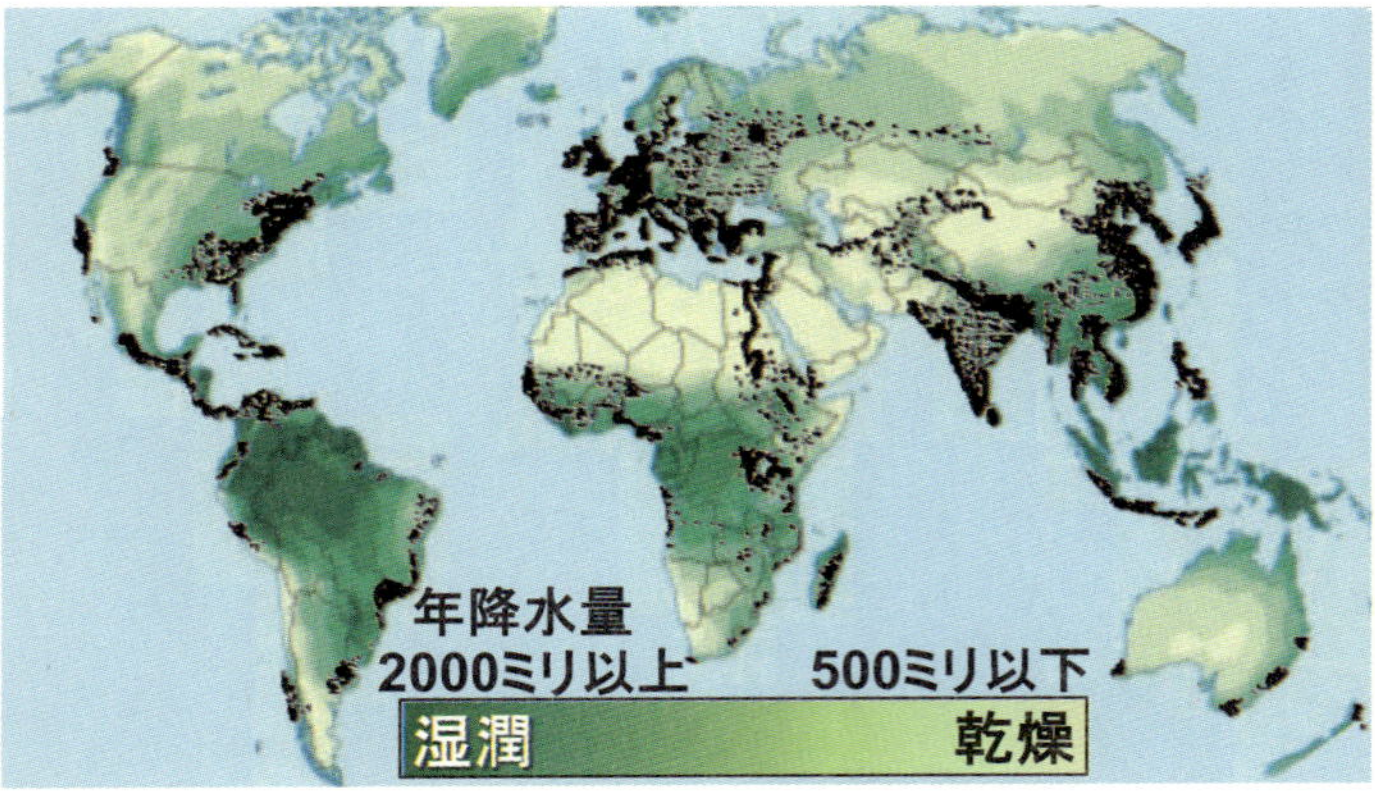

図65　世界の人口密度と降水量の分布。黒い部分は人口密集地を表し、背景の緑が濃いほど降水量が多い。

大部分を養っていることになる。土の違いは、食糧生産力に厳然たる格差をもたらす。これまで見てきたことを裏付ける話ばかりだが、肥沃な畑の土があまりに局在することに衝撃を受けた。これでは、戦争も起きるわけだ。

衝撃的なもう一枚は、人口密度と降水量の地図だ。肥沃な土にこだわるあまりにおろそかにしてしまっていたが、人口の話をする時に忘れてはいけないのが気候の重要性だ。降水量と世界の人口分布を比べると、驚くほど一致している。当たり前と思うかもしれないが、砂漠に人は少なく、雨の多い地域に人が多い（図65）。生物が生きていく上で、水は生命線だ。いくら土がよくても、水がないと始まらない。生活用水も必要だし、他の動植物（魚など）の恵みもある。

降水量は、どのように食糧の生産力と関わるのだろうか。植物が根を張る土の深さ（1メートル）には、おおよそ雨水200ミリメートル分の水が貯め込まれている。植物は根という名のストローを使って土という名のコップからジュースを飲もうとする。コップに残る最後のジュースは粘土と取り合いになるので、すべての水を吸収できるわけではない。吸収できたとしても半分くらい（100ミリ分の水）だ。一方で、乾燥に強いトウモロコシですら、タネをまいてから収穫までの3カ月間に300ミリ分の水が要る。つまり、あと200ミリの雨水が必要となる。乾いた土を再び潤す100ミリの雨水もカミナリ様にお願いしたい。すべての雨水を土が保持できるわけではないので、余裕を持って500ミリは欲しい。これは栽培期間に限った話なので、1年間の降水量が500ミリでは足りないし、粘土の少ない土では保水力はもっと小さい。年間降水量500ミリ以下の乾燥地では雨水だけの農業が難しく、人口密度が低くなってしまう仕組みである。

乾燥地にしか分布しないチェルノーゼムには最も肥沃な農地が広がっているが、そこに暮らす人口は多くない。水が足りないからだ。逆に、貧栄養とされる強風化赤黄色土は、土の皇帝チェルノーゼムの2倍の人口を養うことができる。豊富な太陽エネルギーと水の豊かさの賜物だ。

降水量が少ないにもかかわらず人口密度の高い場所には、必ず大河がある。大河はよそで降った雨を集めてきてくれる。エジプト文明やメソポタミア文明を生み出した肥沃な三日月地帯では、ナイル川、チグリス川、ユーフラテス川という大河が砂漠土を潤した。今でもナイル川の周りは人口密集地だ。大河の水資源を活かした灌漑が、さもなければ不毛であったろう砂漠土を緑に変えた。実れば黄金色の麦畑となる。水さえあれば、そして塩類集積の問題さえなければ、砂漠土も生産性の高い土になれるのだ。やはり、水は欠かせない。

肥沃な土の条件

土の生産力や人口密度の高さには降水量や大河が重要だという話で終わると、「なーんだ、やっぱり土より水なのか」と思われるかもしれない。しかし、雨が多い地域の中でも、人口密度には濃淡がある。人口密度が高い場所には、アフリカではタンザニアのキリマンジャロ、エジプト、エチオピア、アジアではインド、バングラデシュ、インドネシアのジャワ島、そして日本がある。これまで肥沃な土を、「粘土と腐植に富み、窒素、リン、ミネラルなど栄養分に過不足なく、酸性でもアルカリ性でもない（中性）、そして排水性と通気性がよい土

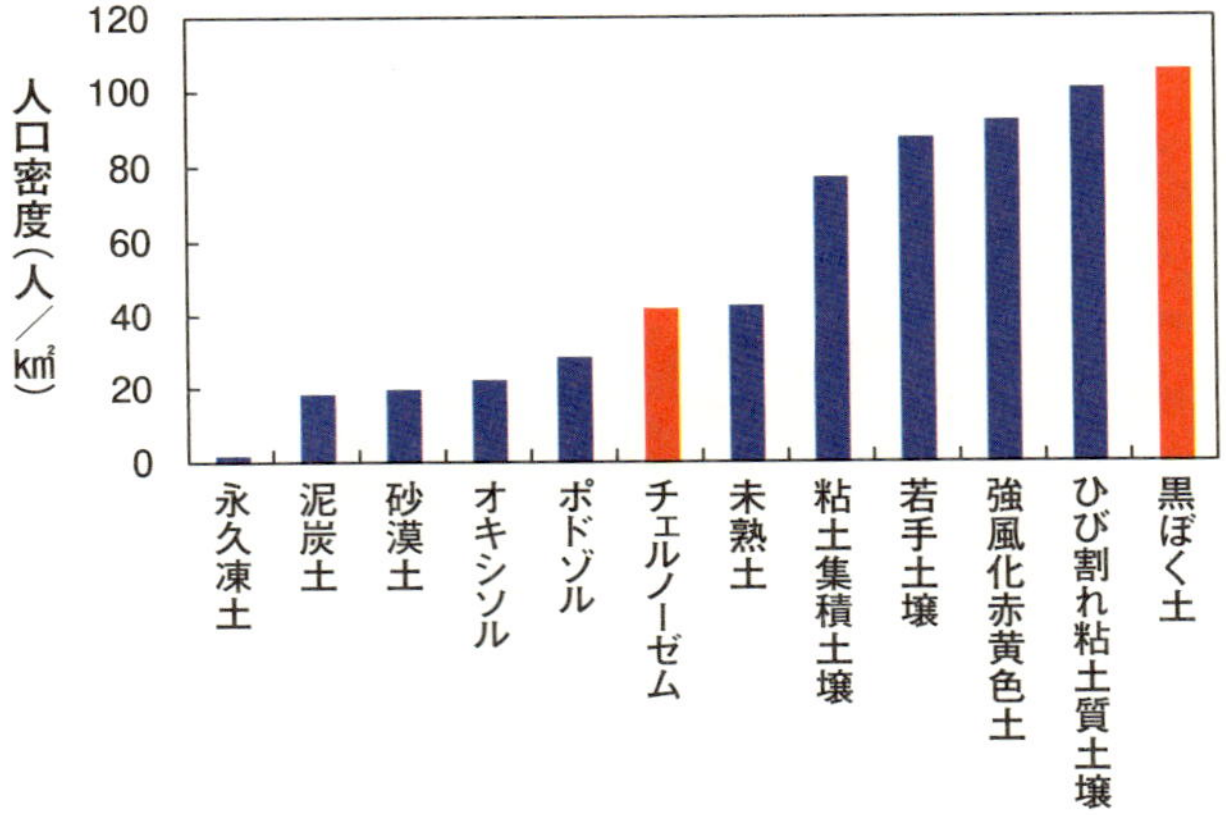

図66　土壌種別ごとの人口密度の比較。人口密度は黒ぼく土の方がチェルノーゼムよりも高い。

壌」としてきたが、１００億人が食べていける世界を目指す以上、結果がすべてだ。人口をたくさん扶養できる土を肥沃だと考える方がズレが少ない。12種類の土の人口密度を比較すると、人口密度の高い地域を支えている土は、黒ぼく土（火山灰土壌）やひび割れ粘土質土壌、強風化赤黄色土、若手土壌、粘土集積土壌だ。面積が狭いために目立たないが、黒ぼく土も人口密度が高い。肥沃なチェルノーゼムやひび割れ粘土質土壌を上回って世界1位だ（図66）。

一方、降水量が多いにもかかわらず人口密度が低いのがオキシソルだ。世界の人口密度と降水量の地図を見ると、コンゴ川を有するアフリカの中央平原、アマゾン川を有する南米の熱帯雨林は水が豊富にあるにもかかわらず、人口密度は低い。四大文明に肩を並べる農耕文明も興らなかった。近現代史を通して、文明が発達しなかったのは民族が未開だからだと誤解されることもあったが、主な原因は、酸性で栄養分の乏しいオキシソルが農業生産に適さなかったことにある。

雨の多い日本とアフリカの熱帯雨林で、どうして人口密度がこうも違うのだろうか。日本の山には若手土壌と未熟土、低地にはその堆積物からなる未熟土（沖積土）、そして傾斜の緩やかな台地には火山灰土壌が広がる。縄文時代以降の1万年間にできた新しい土壌ばかりだ。1万年という時間は、私たちには途方もなく長いが、土の発達する時間としては短い。1万年のあいだに1メートル堆積した黒ぼく土では、100年に厚さ1センチの速さで土ができる。新しい土には、栄養分を供給できる鉱物が多く残っている。これに対して、平坦なアフリカ中央平原の地質は5億年以上の古さを持つ。地震がない代わりに、隆起がとても遅い。1000年に厚さ1センチの土しかできない。長期の風化を受けた土には、栄養分を供給する新しい鉱物がもはや残っていない。風化は岩石を土壌（粘土や砂）に変換する重要な過程だが、程度が過ぎると老朽化した土壌となる。新戦力の獲得に失敗した野球チームが活性化しないのと似ている。

図 67　かつてはつながっていた東南アジアの島々（スンダランド）。Wurster et al. (2016) [33]をもとに作図。

農業とは、ヒトが畑から作物を持ち去る行為だ。すると、その分だけ畑の土の養分は目減りしてしまう。土への養分補給が必要なのだ。日本の場合、火山噴火や洪水、土砂崩れによって土壌が一新され、養分が補給されてきた。食糧自給率40パーセントの現在はさておき、自給率１００パーセントだった明治時代でも化学肥料なしで３０００万人が暮らしていた。世界的には人口密集地である[32]。

日本だけではない。バングラデシュ、東南アジアの沖積平野では、ヒマラヤ山脈の侵食によって新鮮な土砂が供給される。ヒマラヤに源流を持つチャオプラヤ川は東南アジアが山々を削り、大量の土砂を運搬して広大な沖積平原（スンダランド）を形成した（図67）[33]。土壌侵食によって土が若返ることで、肥沃な水田地帯が維持されている。アフリカと同じく土壌が風化されやすい熱帯雨林にあっても、カリウムを多く含む雲母やバーミキュライトが多いのは東南アジアの土の特権だ。土壌は酸性だが、そこで生まれたイネは作物の中で最も酸性に強い。運も雲母も味方した。

メソポタミア文明の発達した肥沃な三日月地帯にあったのは単なる砂漠土ではなく、サハラ砂漠から風に舞って運ばれた細粒質の砂塵を受け取った肥沃な土壌であった（図42、96ページ）。砂漠から届く砂塵（黄砂）は、中国の黄土高原、ナイジェリア、北米プレーリー、日本にも栄養分をもたらした。インドやエチオピアでは玄武岩台地が適度な隆起を受けて侵食され、ひび割れ粘土質土壌が若返る。その玄武岩を削った肥沃な土砂は大河に運ばれ、「ナイルの賜物」としてエジプト文明を支えた。これが人口密度と肥沃な農地の分布を偏在させる仕組みだ。

隣の土は黒い

ここまでの話をまとめると、最も肥沃なチェルノーゼム地帯には、雨が少ない。我らが黒ぼく土やインドのひび割れ粘土質土壌も肥沃だが、面積が狭い。というわけで、世界人口を支える力が強いのは、粘土集積土壌、強風化赤黄色土、若手土壌の三つの土となる。粘土集積土壌は期待通りの活躍だが、酸性で貧栄養なはずの強風化赤黄色土、若手土壌は期待以上の活躍をして世界人口を支えてくれている。余力があるとすれば、残りの9種類の土だ。

肥沃な農地分布の偏りを無視して、70億人で世界の耕地面積16億ヘクタールを公平に分け合った場合を一度考えてみよう。一人当たりの農地はだいたい0・2ヘクタール、つまり45メートル×45メートルの土地面積になる。このうち、すべてを穀物（コメなど）の栽培には使えないので、半分の0・1ヘクタールが穀物栽培に割り当てられている。穀物生産量は世界平均で1ヘクタールあたり3トンなので、一人あたりの穀物生産量は0・3トンになる。現代人の一人当たりの穀物消費量は0・3トンなので、現状では食糧は不足していない[34]。

ところが、農地面積の伸びは徐々に頭打ちの様相を呈している。人口だけが増えて、一人当たりの農地面積が30メートル×30メートルを割り込んだ末には、凄絶な椅子取りゲームが待ち受けている。増加した人口分の食糧を生産するには新たに農地を増やすのが一番簡単だ。よく見てみると、現在農地として利用できているのは陸地面積の11パーセントに過ぎない。火星や月以前に、地球上にすら克服しきれていない場所があるのだ。まだ89パーセントもの陸地があるなら、なんとかなりそうだ。人間によって荒らされていない大自然は土壌劣化も進んでいないので緑も青々としている。隣の芝生は青いだけだろうか。

人口密度の低い永久凍土、泥炭土、ポドゾルを農地にできれば、一番簡単だ。しかし、永久凍土地帯の食糧生産の厳しさは、スーパーマーケットにぽつんとあった500円のオレンジ、1800円のしおれたハクサイに象徴される。トナカイの放牧という北限の〝農業〟、サケの漁撈《ぎょろう》に期待するのは無理がある。

図68　泥炭土に育つ砂糖大根（ドイツ）。

永久凍土と比較すれば、泥炭土やポドゾルには可能性がある。日本の泥炭地帯はミズバショウなど湿地特有の植生を楽しむ自然公園が多いが、欧米では湿原、沼地、スワンプを厳密に分類し、排水を改良して農地にすることで野菜類を栽培する。かのナポレオンやヒトラーは、サトウキビが栽培できない温帯域での苦肉の策として砂糖大根（甜菜《てんさい》）の栽培を奨励した。泥炭土を排水して肥料を撒けば、砂糖大根が大量生産できる（図68）。その技術は、排水の悪い北海道の泥炭土や火山灰土壌にも持ち込まれた。火付け役は、ドイツで農学を修めたウィリアム・クラーク博士だ。

ただし、泥炭土の利用は危険と隣り合わせだ。熱帯の泥炭地を排水すると、酸素を得た微生物が活発になり、急速に植物遺体が分解し始める。さらに、東南アジアに多いマングローブの泥炭土を排水すると地下に眠っていた硫化鉄《りゅうかてつ》（パイライト、FeS_2）が目を覚まし（酸化し）硫酸が発生してしまう。強烈な酸性土壌になり、泥炭の利用が文字通り泥沼化するリスクもある。

北欧、北米の酸性土壌（ポドゾルや未熟土）ではムギの育ちが悪く、林業かジャガイモの二者択一を迫られる場所も多い。ジャガイモはポドゾルや未熟土でも育ち、1年間に1ヘクタール当たり数十トンもとれる。5～10トンとれるムギやコメ、トウモロコシよりも面積あたりの生産力が高いのが魅力だ。しかし、種イモによる繁殖は、遺伝的には同じ個体、つまりクローンを増やすことになる。土壌中の病原菌がいったん牙《きば》をむくと、全滅のリスクがあるのだ。ジャガイモ疫病による食糧難は、ドイツが二度の世界大戦を仕掛ける動機となり、そして降伏するに至る要因の一つとなった。肥沃ではない土に無理をさせるとロクなことにならないのは歴史が証明している。

使われていない永久凍土、泥炭土、ポドゾルに期待するには限界があった。残る手段は、肥沃な土を奪い合うか、肥沃ではない土を肥沃に変える、という二通りだ。後者がいいに決まっているが、世界で起きているのは、むしろ前者だ。その様子を少しのぞいてみよう。ターゲットはもちろん、世界で一番肥沃な土、チェルノーゼムだ。

黒土とグローバル・ランド・ラッシュ

なぜ大の大人たちが土をめぐって争うかを理解するために、少し時代をさかのぼろう。歴史の表舞台となった西ヨーロッパにはチェルノーゼムが少ない。氷河に覆われたイギリス、ドイツの土壌は永久凍土になることは免れたが、氷河に削られた肥沃な表土は風に飛ばされてしまった。残されたのは、貧栄養なポドゾルや未熟土だ。広大なロシアも、フタを開けてみれば国土の6割以上を冷たい永久凍土が占める。食糧を供給する肥沃な農地が足りない。

一方、北欧やドイツから失われた細かい砂塵は風に舞ってヨーロッパ東部に堆積し、肥沃なチェルノーゼムとなった。ウクライナには世界のチェルノーゼムの3割が集中している。肥沃な農地の地図で最も色が濃かった場所だ。小麦の穀倉地帯は、「ヨーロッパのパンかご」

と呼ばれた。そんな魅力的な土壌は、ロシア、ドイツの標的となり続けてきた。土に焦点を当てて語るなら、氷河によって肥沃な土を失った地域の人々が、その土が堆積した地域へ侵攻した、という構造になる。第二次世界大戦中のドイツ軍がウクライナのチェルノーゼムを貨車に積んで持ち帰ろうとしたというエピソードも残されている。

土の奪い合いは過去のものではなく、現在も形を変えて進行中だ。国外に肥沃な農地を囲い込む争奪戦は、グローバル・ランド・ラッシュと呼ばれる。ラッシュとは、通勤ラッシュのように人が殺到する意味だが、目指すのは職場ではなく農場だ。

カナダの内陸部のプレーリー地帯（サスカチュワン州）を車で走ると、農場のあちこちに「Land For Sale（売地）」の看板があり、その安さに驚かされる。肥沃なチェルノーゼムの農地が、１ヘクタール（畳６０００枚ほどの面積）あたり20万円で売られている。同じくチェルノーゼムの広がるウクライナの農地にいたっては、その半額だ。同じ値段で日本の農地を買えば、10分の1の面積しか手に入らない。1ヘクタールあたり毎年2トンの小麦が収穫できれば、５万円の収入になる。４年で元が取れる計算だ。商社マンでなくても算盤《そろばん》をはじきたくなる。

農場には、実際にインドや中国の買い手が殺到している。人口を養う農地面積が限界を迎え、海外に農場を確保し始めたのだ。ターゲットはもちろんチェルノーゼムだ。国土の大半をサハラ砂漠が占めるリビアも、原油の供給と引き替えにウクライナに大規模な農地10万ヘクタール（東京都の半分ほどの面積）を確保した。同じく中東の産油国のカタールも、ケニアの火山灰土壌やひび割れ粘土質土壌を確保した[35]。砂漠土ばかりで農地の欲しい産油国とエネルギーや化学肥料の欲しい農業国の利害は一致する。

穀物価格の乱高下や食糧危機は、チェルノーゼムをマーケットの商品にさえ変えている。ウクライナではチェルノーゼム1トン（幅1メートル×奥行き1メートル×深さ1メートル）あたり1～2万円の売買までまかり通っている。闇取引でありながら、1000億円の産業だ。10トントラックが土を持ち出していく。安く買った土地に客土《きゃくど》（よその土を搬入すること）されるのだ。肥沃な表土を失った農地はゴミの埋め立て地になってしまうという。なんとも、もったいない話だ。土の皇帝に担ぎ上げられたチェルノーゼムだが、ラッシュで揉みくちゃにされているのが現状だ。

ステーキとチェルノーゼム

肥沃なチェルノーゼムに食糧増産の余力は残っているのだろうか。カナダ国内の土壌学会に交じって、チェルノーゼムの観察会に参加させてもらうことにした。困ったのが、よかれと思って出してくれるアメリカ大陸の伝統料理、分厚い真っ赤なステーキだ。私が怖気づいていると、主催者に「シー・アーチン（ウニ）を食べる勇敢なサムライなら、レアのステーキぐらい大丈夫だろう」と笑われた。分厚いステーキはチェルノーゼムの恵みだ。

ちなみに、世界の食糧事情を厳しいものにしているのは、食生活の肉食化だ。牛肉1キログラムを生産するのに穀物8キロを消費するので、大食漢のウシを食べるのをやめれば、食糧事情も楽になる[36]。欧米にはフレキシタリアン（状況によって柔軟に肉も食べるベジタリアン）のブームもあるが、世界全体の牛肉消費量はむしろ増加すると予測されている[34]。チェルノーゼムは欧米だけでなく世界の肉食化を支えられるだろうか。

意気込んで参加した観察会だったが、土の観察用の穴以外にも落とし穴があった。カナダでは英語だけでなくフランス語も公用語なので、油断すると学会中のやり取りまでフランス語になってしまう。話が違う。というよりも、話が分からない。ざわついているのを説明してもらうと、どうも一人の参加者がチェルノーゼムを前にして「チェルノーゼムを見たかったなぁ」といって波紋を呼んだらしい。チェルノーゼムの観察会なので、チェルノーゼムしか見ていない。ただ、確かに、黒い腐植層が期待よりも薄かったのだ（図69）。責任は、観

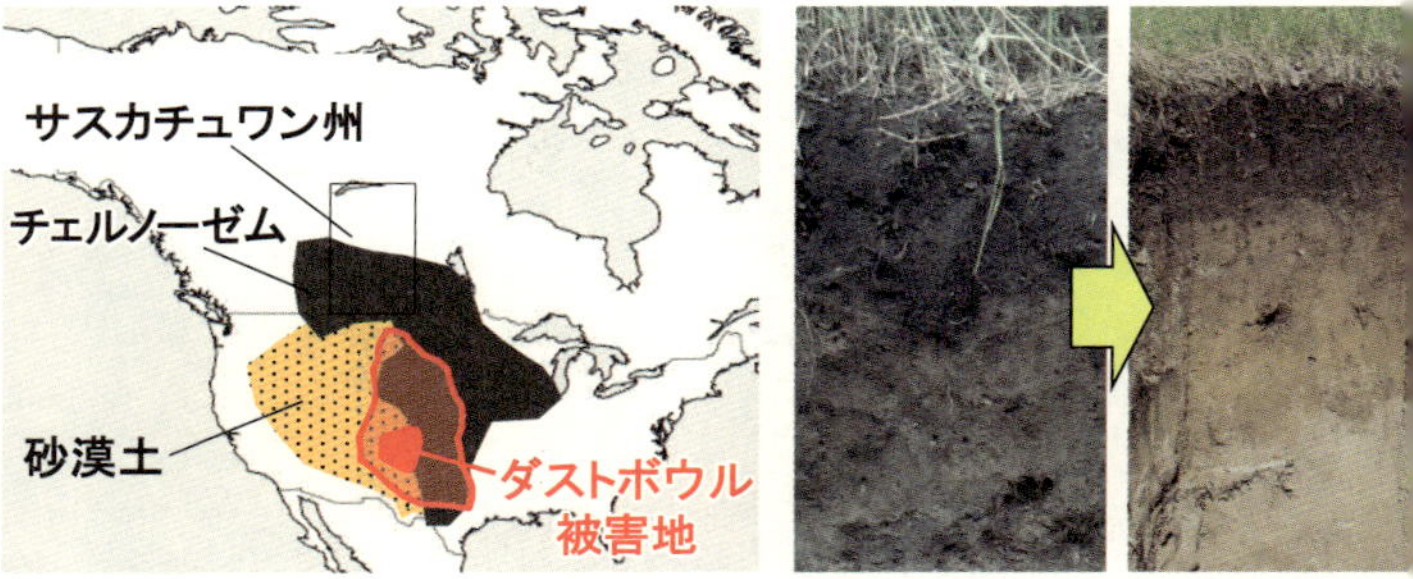

図69　侵食によって表土が薄くなったチェルノーゼム。

察会の主催者よりもアメリカ農業にある。

北米プレーリーのチェルノーゼムもやはり風が届けてくれた砂塵の賜物だった（図42、96ページ）。そこに大草原が広がり、びっしりと生えた根が黒い腐植層を培った。先住民族（インディアン）を追い出して開墾すると肥沃な小麦やトウモロコシ畑に変わった（図69）。アメリカ合衆国が世界の超大国たりうる理由を土から語れば、チェルノーゼムが広い国土の9パーセントも占めることになる。チェルノーゼムのない日本人からすると、うらやましい限りだ。アメリカにステーキとハンバーガーの食文化が発達した裏には肥沃な土がある。

１９２０年代のアメリカは、第一次世界大戦中のヨーロッパへ食糧を輸出し、荒稼ぎした。それを可能にしたのはチェルノーゼムであり、大規模化を可能にしたのは、石油（つまりトラクター）、窒素肥料、灌漑設備だった。しかし、

図70　ダストボウル（アメリカ・テキサス州、1935年）。NOAA George E. Marsh Album 提供。

草原を失ったチェルノーゼムは無防備だった。嵐によって大量の土が風に舞い、町を飲み込んだ。多くの農民が難民化した被害は、ダストボウルと呼ばれる（図70）。肥沃な表土は、はるばるグリーンランドにまで飛び去った[37]。チェルノーゼムは厚さ20センチの黒い腐植層を持つ必要があり、それに満たなければ未熟土に分類される。土の名前すら変わってしまうのだ。土壌侵食がゆっくりと進行する自然現象を若返りと呼んできたが、短期間のうちに肥沃な表土がなくなるのは土壌の劣化でしかない。1万年かけて培われたチェルノーゼムは、近代農業が始まったほんの100年のあいだに腐植の50パーセントを失ったと見積もられている[27]。炭素を貯め込み、温暖化の緩和に働くはずの土壌が、温暖化を加速してしまった。チェルノーゼムは、人に利用されてこなかったからこそ肥沃だったのだ。

　土壌侵食の社会問題化は、切手と土の両方を収集する私にとって無視できない出来事も引き起こした。土壌保全を誓ったアメリカ合衆国では、国の機関として土壌保全局が設立され、そのことを記念した切手が発行されたのだ。広く普及した記念切手に土が登場したのは、これが最初で（おそらく）最後だ（図71）。

図 71　アメリカの土壌保全局の誕生を記念する切手。有史以来、土が切手になった唯一の出来事。

　スコップも鍬もトラクターも、チェルノーゼムを傷つけてしまう。そこで耕すのをやめて、植物遺体で土壌の表面を覆う農法（不耕起栽培）が普及した。侵食を防ぎながら、土の中の腐植の量を10年間に３パーセント増やすことができれば、１ヘクタールあたり５万円を支払う社会的価値があると試算されている[38]。過保護のような気もするが、チェルノーゼムは想像以上にデリケートなのだ。国際的な環境問題への取り組みに必ずしも協調的ではないアメリカ政府が世界に先駆けて土を守り始めたのは、それが自分たちの暮らしをも守ることだと痛感したからだ。肥沃なチェルノーゼムを奪い合い、酷使する先にはリスクしかなく、パンとステーキとハンバーガーを守る現状維持が精いっぱいだと思い知らされた。

牛丼を支える土とフンコロガシ

増加する人口のための食糧をチェルノーゼムに依存し続けるのは難しいことが分かった。肥沃な土を奪い合うよりも、肥沃ではない土を肥沃に変える方がスコップの振るい甲斐がありそうだ。水さえあれば肥沃に変わる可能性のある砂漠土や、ひび割れ粘土質土壌はどうだろうか。チェルノーゼムほど期待されていないので、失うものは小さい。風化も進んでいないので、栄養分も豊富だ。砂漠土は広いが、住む人口が少ない。生産した食糧は、そのまま食糧の不足分に充てられる。砂漠土の克服が進んでいるのが、「乾燥大陸」オーストラリアだ。

乾燥したひび割れ粘土質土壌では綿花や小麦が栽培され、さらに乾燥した砂漠土では和牛を脅かすOGビーフの「WAGYU」が放牧されている。スプリンクラーで散水さえすれば緑の島となり、ウシを養える。牛丼や綿100パーセントの衣服の一部は、ここから届いて

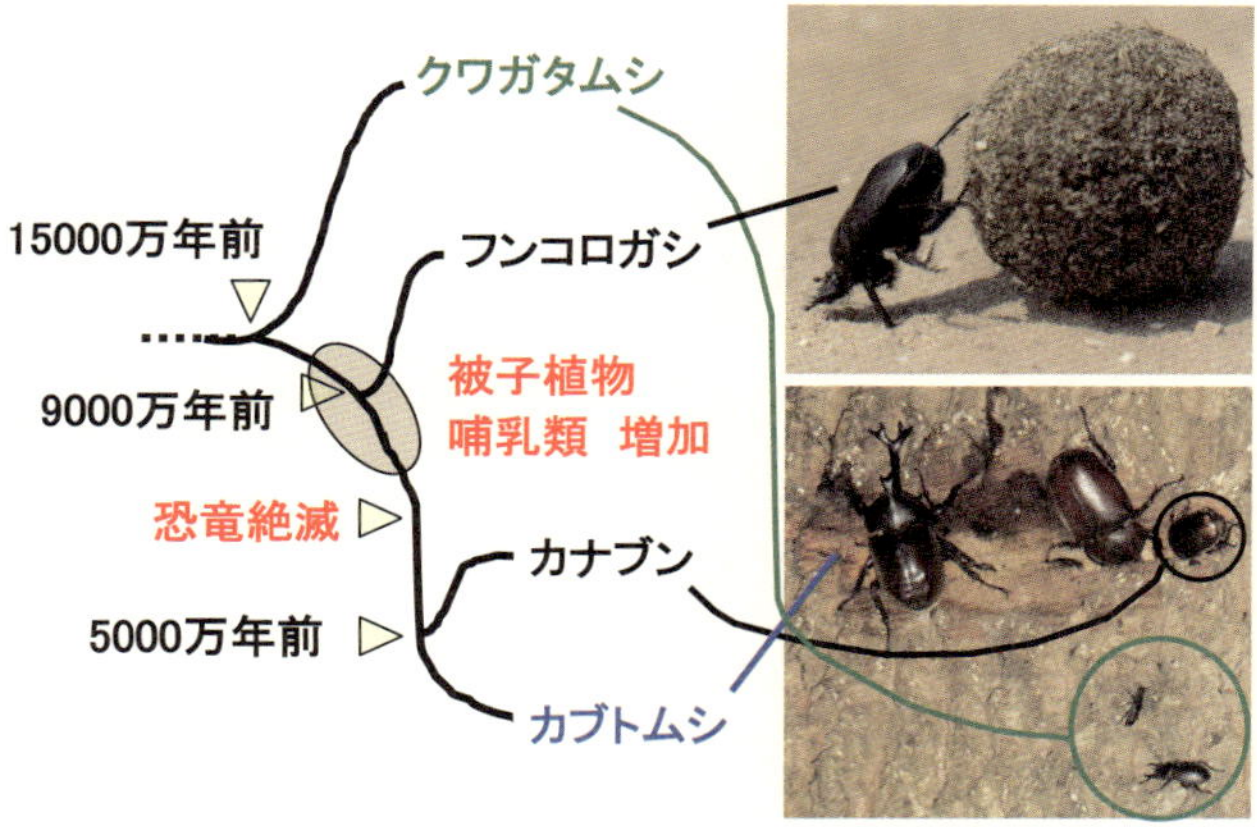

図72　コガネムシ上科の進化。Ahrens et al. (2014) [39]をもとに作図。

いる。オーストラリアに入植した人々は農地拡大と食糧生産の救世主のように見えるが、真のヒーローはフンコロガシだった。

入植後、ウシの放牧を始めた人々は、一つ大きな壁にぶつかる。それは、フンの壁だった。なんとウシのフンが分解されなかったのだ。ウシは毎日、大量のフンをする。フンは畑の栄養分の塊であり、フンコロガシによってリサイクルされることで草原の肥やしとなる。ところが、フンコロガシが仕事をボイコットしたために、養分のリサイクルが停止してしまったのだ。ヒトなら消化不良にあたる。土壌の問題以前に、フンが残留した不衛生な環境ではハエや寄生虫が大増殖し、住民の健康被害すら引き起こした。

フンコロガシが牛フンの分解をボイコットし

たのにはわけがある。フンコロガシやカブトムシを含むコガネムシ上科のご先祖様はもともと倒木やキノコを食べていた。恐竜の繁栄した白亜紀に登場したクワガタムシがその代表格だ（図72）。ところが、そこから分岐したコガネムシ上科のなかまの多くは、フンを主食としている。フンコロガシに変化を促したのは恐竜の巨大なウンコではないかという定説もあったが、最近では、草食動物の多様化に合わせて、多様なウンコを専門とする多様なフンコロガシが生まれたと考えられている[39]。オーストラリアの乾燥した草地には、残念ながらカンガルーのフンに専門化したフンコロガシはいても、牛フンの担当者は不在だった。

オスのフンコロガシはフン球を土の中の巣に持ち帰り、メスはそこに産卵する。ひび割れ粘土質土壌や砂漠土は乾燥すると固くなり、カンガルーのフンも硬い。何百万年と硬いフンと固い土を処理する毎日を繰り返すうちに、オーストラリアのフンコロガシは硬いフンの専門家になっていた。軟らかい牛フンを処理できなかったのだ。

そこで、オーストラリアの人々はアフリカやヨーロッパからウシ専門のフンコロガシをスカウトし、オーストラリアの草地に導入した。これによってフンや感染症の問題がなくなり、フンの栄養分が土壌に還ることで牧草地の生産性も改善した。オーストラリアの人々が入植して成功できたのは、ヒトだけでなくフンコロガシの貢献によるものだった。ただし、フン

図73　雨も降らない地域を緑に変えるセンターピボット（巨大スプリンクラー）。

コロガシはタダではない。１匹は30円程度だが、ウシ50頭ほどを飼う小規模農家でも千匹ものフンコロガシが必要となり、３万円ほどのコストがかかる。また、フンコロガシを購入してまで育てたＷＡＧＹＵは牛丼やステーキになるのであって、世界の飢えた人々に食糧が届くわけではない。主役が土ではなくフンコロガシでは、スコップ（私）の出番はない。砂漠土は、スコップ以前に足りていない要素を充たしてやる必要があったのだ。

岩手県一つ分の塩辛い土

フンコロガシによってフンの壁を乗り越えた末にオーストラリアの人々を待ち受けていたのが、水の問題だ。いくらフンコロガシが頑張っても、水はどうにもならない。水は、オーストラリアに限らず、世界中の乾燥地農業のアキレス腱だ。大きな川がない場合には、地下水を汲み上げるしかない。半径1キロメートルものアームを持つ巨大スプリンクラーが主役とあっては、またしてもスコップ（私）の出る幕はない（図73）。

日本の裏山のような雨の多い地域では、岩石の風化によって放出されたナトリウムはもちろん、カルシウムまでも地下水や河川まで流される。逆に、乾燥地では、カルシウムどころかナトリウムなどの塩類を多く含む地下水が上昇してくる。とくに、かつて海の底だった北米プレーリーの地下には、昔の海水（化石水）が眠っている。もちろん、塩分をたっぷり含む化石水は塩辛い。

水は地表面で蒸発するが、塩類は蒸発することなく地面に残ってしまう。塩害を引き起こす塩類集積だ。大量の水で上から洗い流すことができればいいのだが、乾燥地には肝心の水が少ない。チェルノーゼムやひび割れ粘土質土壌までもが塩辛い土（砂漠土）になってしまう。侵食によって未熟土へと劣化するよりも深刻だ。世界では1年間に150万ヘクタールの農地が塩類集積によって放棄されている。この数字は、日本最大の「県」である岩手県の面積に相当し、あろうことか、世界の農地面積の増加速度と等しい[40]。農地を増やすそばから減っていては、元も子もない。

乾燥地のチェルノーゼム、ひび割れ粘土質土壌、砂漠土は、小麦、ウシの牧草生産を通してパン、ミルク、チーズといった私たちの朝ごはんと結びつきが深い。朝ごはん土壌のピンチは、私たちの食卓のピンチでもある。牛丼やハンバーガーまで考えると、三食に加え、夜食まで危ない。デリケートなチェルノーゼムや砂漠土に過度の期待をすると、ストレスで押しつぶされてしまう。新たに農地を増やせず、期待していたチェルノーゼムに無理もさせられないとなると、いよいよ貧栄養な土壌に命運を託すしかない。オキシソルだ。

肥沃な土の錬金術

70億人の暮らす現在の世界では、食糧生産量は必要量を上回っている。にもかかわらず、途上国で飢えに苦しむ人々がいるのは、食糧の分配の問題である。途上国への食糧支援は、条件さえ整えば有効だ。ただし、そもそも食糧をうまく輸送する仕組みや公平に分配する体制のない国で食糧不足が起きていることを忘れてはいけない。

また、支援は常態化すると、依存症に陥りやすい。カナダの永久凍土地帯で生業を捨てて都市生活を始めた先住民族の人々に、補助金依存とアルコール依存症が蔓延したのが一例だ。その隣でトナカイの放牧やサケ漁撈をして豊かに暮らす先住民の姿は、汗をかいて働くことの意味はお金だけではないと教えてくれている。シンガポールなど一部を除く先進国の経済発展は安定した食糧自給に支えられてきた。食糧自給率40パーセントの日本で偉そうなことは言えないのだが、自立した国家は食糧自給をまず目指したい。

先進国の多い温帯地域に新しく農地にできる場所はほとんど残っていないのに対して、途上国の多くが存在する熱帯地域にはチャンスが多く残されている。統計上は、現在の農地面積の3倍の土地を農地にできる可能性があるという[34]。肥沃な粘土集積土壌はすでに開拓されているので、残されているのはオキシソルのような貧栄養な土壌が多い。これを肥沃に変える〝錬金術〟は存在するのだろうか。

現代農業には、トラクターも化学肥料も農薬もある。トラクターが土を耕し、化学肥料と農薬をまき、灌漑をすればどんな貧栄養な土でも作物を栽培できるはずだ。これはただの空論ではなく、1960年代の東南アジアでは品種改良、化学肥料や農薬の増加などのイノベーションによって食糧増産に成功した。農地面積の増加もほどほどに、収穫量は倍増した。「緑の革命」と呼ばれる。しかし、緑の革命が成功したのは、もともと水が豊富で肥沃な土(沖積土)のあった地域に限られる(図74)[41]。アフリカや南米のオキシソル地帯は蚊帳《かや》の外だった。ここでは農地面積は増加しても、面積あたりの収穫量は大して増加しなかった。

図 74　緑の革命に成功した農業大国タイの水田風景（ナコーンサワン県）。

いくら土が貧栄養だといっても、土壌のない火星よりも条件はよいはずだ。雨が多く莫大な太陽エネルギーに恵まれるオキシソル地帯は、貧栄養な土さえ克服できれば、チェルノーゼムをしのぐ量の食糧を生産できる可能性を秘めている。もともと人口密度の低いオキシソルを農地として利用できれば、１００億人分の食糧を生産する近道になる。

セラードの奇跡

南米やアフリカのオキシソル地帯に人が少ないのには、土以外にもわけがある。ブラジルに行く前には、マラリア対策にニキビ用の薬を処方してもらう。もうニキビのできる歳ではないので、少し恥ずかしい。破傷風、A型肝炎、狂犬病、黄熱病ワクチンの注射は必須だ。インフルエンザの予防注射と同じで、ものによっては複数回打たないといけない。しめて10万円。これは仕事のためだが、すべて自腹だ。数年ごとに注射を打たないと効果が持続しないものもある。研究を続けるということは、腕と懐に想像以上の痛みを伴う。これだけ頑張っても、最も怖い病気の一つであるシャーガス病（アフリカではアフリカ睡眠病）に特効薬はない。オキシソルの大地に生きる厳しさを前もって痛感した。

ブラジルは植民地時代からコーヒーやサトウキビの大産地として有名だが、それは局在する肥沃な粘土集積土壌を選んで栽培されてきた。大部分のオキシソルは使い捨てにされるか、取り残されたままだった。ブラジル北部に広がるアマゾンの熱帯雨林は、南に行くに従って熱帯サバンナ（草原に木がぽつぽつ）の景観へと移り変わる。セラードと呼ばれる。セラードは、ホタルのように発光する虫がすむ「光るアリ塚」が点在することで日本でも有名になった場所だ。ただし、赤土のマウンドの住人はアリではなく、シロアリ、生物学的にはゴキブリのなかまだ。そして、実際には光らない地味なものの方が圧倒的に多い（図75右）。本書では、土が光るかどうかより、食糧を生産してくれるかどうかを重視している。その視点からみれば、やはり貧栄養なオキシソルだ。

図75　大規模なダイズ農業（左：(C) ZUMAPRESS / amanaimages）とシロアリ塚の点在する景観（右）。ブラジル。

木材資源のあるアマゾンの熱帯雨林に対してセラードは特産物に乏しく、農業にも適さない不毛な大地が広がる。ブラジルの中でも救いようのない貧困地帯とされてきた。老朽化（風化）したオキシソルには、カルシウムがなく、リンもない。この二つは骨を構成する主成分だ。カルシウムとリンが欠乏した牧草や作物を食べて暮らすウシやヒトに、骨折が慢性化していた。オキシソルは健康にすら障害をきたすのだ[42]。

ところが、1970年代から日本を含む外国資本が中心となってサバンナを大規模に切り拓いた結果、セラードは広大な牧草地、ダイズ、トウモロコシ畑へと姿を変えた（図75左）。そこでウシを飼育すると、牛肉の大産地となった。アメリカのステーキの生産システムとの違いは、土壌がチェルノーゼムではなく、貧栄養なオキシソルであることだ。落ちこぼれの烙印を

図76　ダイズでは根粒菌が窒素を固定する。ただし、土壌では硝酸が生まれ、酸性になりやすい。

押されていたオキシソル地帯が優等生に変わった。この大変身は、「セラードの奇跡」とさえいわれる。

オキシソルには二つの問題があった。まず、オキシソルの赤さの原因である鉄さび粘土は、リン酸イオンを吸着する能力が強い。リン酸肥料を少しまいただけでは、植物に届く前に粘土に奪われてしまう。この問題をクリアするために、粘土の吸着力を上回る大量のリン酸肥料をまく。カネの力だ。もう一つの問題は、土壌が酸性なことだ。オキシソルはもともと酸性土壌だが、ダイズを栽培すればさらに酸性に傾く。大気中の窒素を固定してくれるダイズだが、余った窒素は硝酸に変化してしまうためだ（図76）。この問題を克服するために、石灰肥料をジャブジャブまいた。やはり、カネの力だ。

二つの問題を克服した先には、排水性と通気性のよい肥沃な土が待っていた。オキシソルに多いカオリン粘土や鉄さび粘土は、気位（電気量）が高くないため、反発しにくい。粘土どうしが連結した構造（団粒構造）によって通気性や排水性がよいために、耕うんを省くこともできる。大規模な機械化農業との相性がよいのだ。肥沃な土の〝錬金術〟によって、ブラジルのオキシソルは世界のステーキ工場の地位を確立した。現地民の困窮や生態系破壊の問題はあるが、土壌改良は確かにサッカー大国・ブラジルを農業大国に押し上げた。

アフリカの熱帯雨林には、ブラジルと同じオキシソルが広がる。同じ土壌には、同じ改良技術を移転できる確率が高い。それでこそ、世界中の土壌を12種類に分けた甲斐があるというものだ。セラードでの成功例は、同じオキシソルのあるアフリカにも応用できるはずだ。ただし、欧米式の農地開発には政治的安定とインフラ（道路）整備が大前提となる。また、セラード開発は先進国向けのステーキやハンバーガー、そして牛丼を生み出したが、本来助けを必要としていたはずの現地の人々をお腹いっぱいにしたわけではない。巨大企業（穀物メジャー）が運営する巨大農場でトラクターが走り抜ける中には、一研究者が口をはさむ余地はない（図75左）。自分の無力さを痛感し、スコップはむなしく空を切った。

砂漠土のスプリンクラーも、フンコロガシも、セラードの化学肥料も、土壌改良に成功したのは大きな成果だが、誰でもできるわけではない。これから人口がさらに増加するアジアやアフリカの発展途上国の人々が効率は多少悪くても自給するにはどうすればよいのだろうか。目指すのは、スコップ一本からできる土壌改良だ。

強風化赤黄色土ではだめなわけ

スコップを活かせるチャンスを求めてたどり着いた先は、インドネシアだった。限界まで農地利用されているはずの東南アジアにも、人口の空白地帯がある。ボルネオ島（カリマンタン）だ。隣のジャワ島と比較すると、人口密度は１００分の１しかない。これは、土の違いによるものだ。ボルネオ島の人口密度の低さは、逆にいえば、伸びしろが大きいことを意味する。

ジャワ島は肥沃な火山灰土壌だが、ボルネオ島には堆積岩の中でも砂の多い砂岩が広がっ

図77　バナナとタロイモとヤムイモの栽培風景と肥沃な火山灰土壌（インドネシア・ジャワ島）。

ている。栄養分に乏しい強風化赤黄色土だ。肥沃で豊かな日本からやって来た研究者が匙を投げるのは簡単だが、不毛なオキシソルですら改良できたのなら、雲母やバーミキュライトが豊富な強風化赤黄色土を改良できないわけがない。裏山から積み上げてきた理論は農業の現場に通用するのだろうか。自分でも半信半疑なのが正直なところだが、100パーセント確信を持てないことだからこそ、研究する価値もある。

ジャワ島とボルネオ島の土の違いは、どうして100倍もの人口扶養力の違いを生むのだろうか。まずは、そこから調べる必要がある。ジャワ島といえば日本ではジャワカレーが有名だが、インドネシアにはそんな料理はない。中国に天津飯が存在しないのと同じだ。ジャワ島の農村では、バナナ、ヤムイモ、タロイモ（サトイモの類）の畑や、水田が散在する（図77）。混沌としているように見えるが、排水のよい火山灰土壌にバナナやヤムイモ、過湿な低地土壌（未熟土）にイネとタロイモが意図して植えられている。生産力が高いということは、畑の土からの養分の持ち出しも多いはずだが、度々起こる火山噴火によって栄養分が供給される。隙のない配置と火山の恵みで高い生産性を維持する仕組みは、ジャワ島の高い人口密度を支え続けてきた。

ジャワ島の人口が限界を迎えると、インドネシア政府は、貧困にあえいでいる人たちをボルネオ島に移住させる政策（トランスミグラシ）をとった。これはインドネシア国内の一事例に過ぎないが、100億人時代を迎える地球で起こりうる問題を先取りしているようである。問題は、ヒトは生業や文化をそう簡単には変えられない一方で、移住した先に同じ土が待っているわけではないということだ。

ボルネオ島に入植した人々は熱帯雨林を伐採・開墾し、ジャワ島と同じような農業を始めるが、ことごとく失敗する。同じインドネシアでも、酸性の強風化赤黄色土ではジャワ島のフカフカした火山灰土壌のように柔らかくおいしいイモがとれない[43]。水田にしても土壌が

図78　ボルネオ島の酸性土壌ではショウガはよく育つが（左）、イネがうまく実ってくれない（右）。

酸性で、稲穂が実らない。イネを病気に強くするケイ素の供給力も小さいために、イネが病気にかかりやすい……などなど（図78）。ボルネオ島に、もともと人が少なかったのには理由があったのだ。これは他人事ではなく、放っておけば土が酸性になる日本の畑でも、石灰肥料（苦土石灰など）の使用を怠ると、酸性に弱い作物はしおれてしまう。

ブラジルの貧栄養なオキシソルの場合、粘土が栄養分を多く保持できない。その代わりに、粘土にくっ付く有害なアルミニウムイオンの量は、他の酸性土壌よりも少ない。人間にたとえると、すぐに怒るが溜《た》め込まないタイプだ。石灰肥料というプレゼント（酸の中和）をしさえすれば、また同じように頑張ってくれる。これに対して、東南アジアの強風化赤黄色土では、バーミキュライトに保持されていたカルシウムイオンやカリウムイオンが失われると、徐々にアルミニウムイオンが粘土のマイナス電気を占拠する。しばらくはその状態で我慢してくれるが、アルミニウムイオンの一部が水に溶け出すと、植物の根を傷めてしまう。こちらは我慢強い代わりにすべてを記憶し、いったん堪忍袋の緒が切れると手の施しようがなくなるタイプ。石灰肥料（プレゼント）ではごまかしが利かない。

作物を大量生産できない以上、そこに投資しようという奇特な企業はない。植民地支配をしたオランダもボルネオ島では過度な農地利用を避け、熱帯雨林として木材資源を利用し、その後も天然ゴムと油やし農園（オイルパーム）を選択してきた。それぞれ車のタイヤとポテトチップスとして私たちの生活に役立ってはいるが、肝心の作物が育たないと現地の人々は食べていけない。

土が売られる

残念なことに、農業を諦めた人々は土を売り始めた。高さ60メートル級の熱帯雨林を支える強風化赤黄色土の中では、強烈な酸性化によって鉄とアルミニウムの粘土が失われ、最後は砂だけが残る（図79）。侵食によって海岸まで運ばれた砂は、驚きの白さだ。ボルネオ島の先住民族（イバン族）の中でも、砂質土壌はケランガス（陸稲の育たない砂地）と特別視

図79　砂の採掘地（インドネシア、東カリマンタン州）。もう何も育たない。

されている。

白い砂浜に青い海。仕事さえなければ、誰もいないトロピカル・ビーチを独り占めできる。ところが、辺りをよく見るとゴミがプカプカ浮いていて、河口からは死後硬直したイヌまで流れてきた。インドネシアの解決すべきテーマは、土壌より先にゴミ問題であることを痛感させられる。

近くの採掘場に行けば、調査は簡単だ。わざわざ私が土を掘らなくても、ブルドーザーが深さ10メートルほどの断面をきれいに掘ってくれている。砂（珪砂《けいさ》）は、コンクリート、窓ガラスの原料であり、道路や建築物になる。自然と隔絶された空間を仕切っている高層ビル街のコンクリートと窓ガラスは、実は、ともに土からできているのだ。その材料として砂が商品価値を持つ。

私たちが世界中で消費している工事用の砂の量は、少なく見積もっても400億トンだ[44]といわれてもイメージが湧かないが、高さ100メートル、幅10メートルのコンクリート壁で赤道をぐるりと一周できる量だ。ベルリンの壁や万里の長城をも凌駕するスケールの砂を毎年消費していることになる。これは世界中の河川が海へと運び出す砂の量の2倍に相当する。つまり、砂が生まれる速度の2倍の速度で砂が消費されている。生産速度と消費速度がつり合う状態を「持続的」とすると、この状態は持続的どころか破壊的だ。砂ぐらいどこにでもあるだろうと思いがちだが、今、世界で砂資源が枯渇しはじめている[45]。

インドネシアの家屋はレンガが多く、鉄を多く含む粘土質の土を選んでつくられている。砂はどこに行ったのだろうか。砂の消費地は海の向こう、シンガポールだ。土ならいくらでもあるインドネシアに対して、お金を払ってでも土が欲しいシンガポール。利害は一致している。インドネシアの島々は海岸線が後退するほど砂を売り続けた。2007年、インドネシア政府はシンガポールへの砂の輸出を禁止したが、密輸は続いている。文字通り国「土」が減ってしまう。将来にわたって食糧供給を保証するはずの土地が、イネどころか何も育たない場所になってしまった。これもインドネシアに限った話ではない。食糧と土地資源が、数年単位の経済を目盛とした天秤にかけられる現代世界の縮図である。

お金がない、時間もない

土壌劣化に熱帯雨林の破壊、それに苦しむ農民たち。教科書や新書では悲劇的に書かれることが多い。その話を鵜呑みにして現場に来てみると、すぐに違和感を覚えた。あまり悲壮感は感じられない。数少ない成功例に基づいて「信じ続ければ夢は叶う」という現実離れしたことを教わる私たち日本人のほうが、思いつめたような顔をしている気さえする。インドネシアの農民たちは、自分たちにできること、しなければならないことに集中し、現実を受け入れている。どちらも極端だ。

もちろん、熱帯雨林の現実は甘くない。病気になってもお金がなくて病院に行けない。そもそも病院がない。学校も充分にない。違法伐採を企てる者もいれば、調査地（大学の演習林）を伐り拓いて焼畑をやろうとする者もいる。強風化赤黄色土の持続的な使い方を知らないために、すぐに放棄して次の畑に移る。お金がなければ、肥料を買う選択肢もない。そこにある資源で土を改良するしかないという無理難題である。化学肥料でも、スプリンクラーでも、フンコロガシでもない。待ちに待ったスコップ（私）の出番だ。

図80　石炭採掘の様子。採掘された後はもう何も育たない（インドネシア、東カリマンタン州）。

土壌を改良できる技術があったとしても、農民はもうからないと取り入れてくれない。手間がかかるのは無理だ。日本なら、一通り土の成分を分析することで自分の畑の問題点を見抜き、農協なり農家のおじさんが肥料のやり方を改善する。しかし、土の健康診断（土壌診断）には分析装置もいるし計算もできないといけない。これは先進国の技術だ。途上国の現場とは乖離《かいり》している。大根踊りで有名な東京農業大学の横《よこ》井《い》時敬《ときよし》初代学長の言葉に「農学栄えて、農業滅ぶ」というものがある。途上国の現場に合った技術が必要だ。

ボルネオ島には石炭層が比較的浅い地層に出現し、1メートルも掘れば石炭が出てくる場所もある（図80）。砂を売った農民のように、即物的な現金収入の得られる手段に走るケースも多い。質の悪い石炭は安く買いたたかれた末に、掘り返した場所は二度と農地に戻すことはできなくなる。熱帯の泥炭地と同じく、硫化鉄（パイライト）が酸化されて硫酸が発生し、もともと酸性の強風化赤黄色土（pH４）をさらに強い酸性の土壌（pH２）に変えるためだ。

石炭を燃やした灰（石炭灰）は強アルカリ性だ。石炭を輸入した先進国には、それを肥料に変えて再びインドネシアに戻すことで酸性土壌を改良しようという企ても進行している。善意の真意は、ゴミ処理だ。石炭灰には重金属が高濃度で含まれており、危険性が高い。今のところ、インドネシア政府が輸入を禁止しているが、予断を許さない。砂の例が物語っている。自分の畑でできないことをインドネシアの人々に押し付けることは、あってはならない。もっと安全で簡単な技術が必要だが、研究に許される時間も長くない。

オキシソルやひび割れ粘土質土壌を改良した化学肥料もフンコロガシも、先進国の投資があったからこそ可能だった。インドネシアには、それがない。土壌の改良が難しく、大規模なビジネスになることが望めない地域に投資は期待できない。お金も時間もないのだ。

スコップ一本からの土壌改良

私の手元にあるのは、9ヘクタール（300メートル×300メートル）の広大な調査区だ。かつてムラワルマン大学熱帯降雨林造林研究センター（東カリマンタン州）と日本の共同研究プロジェクトがつくったものだ。調査区を設置したまではよかったが、その後、何度も山火事の被害を受け、熱帯林は大きくダメージを受け、植生も変わってしまっている。原因は、エルニーニョによる乾燥と近隣の焼畑（野火）だったといわれる。ムラワルマン大学の熱帯降雨林造林研究センターの面々が総出になって、山火事から必死に守り抜いた。美しい実験材料とはいえないが、まばらに火事の痕跡を残した9ヘクタールの調査区は、血と汗の結晶でもある。

9ヘクタールの土地をひたすら掘っていると、先人たちは、どうしてこんなにも大きな調査地をつくったのか、と叫びたくなる。奇声をあげるサル（私）を、樹の上からサルが笑って見ている（図81）。そんな私に、スコップの神様が微笑んでくれた。試料倉庫を整理していると、中から調査区周辺で30年前に採取した土を発見した。火災の起こる前だ。どこでどの土を掘ったのか、宝の地図まで付いている。文字通り、掘り出し物である。火事が起こり、植生も大きく変化してしまったが、30年前と同じ場所を調査すれば、植生の変化によって起きた土壌の変化の様子が分かる。今度は先人たちに感謝するしかない。

ボルネオ島の場合、火災や焼畑の後に放棄された土地の運命は、四つに分かれる。マカランガの林、アカシアの林、チガヤ草原、油やし農園だ。このうち、最初の三つは放っておいても生えてくる植物だ。火災後の植物の変化によって土壌はどう変化したのだろうか。

図81　樹上で笑うクリイロリーフ・モンキー（オナガザル科、ボルネオ島）（上）。
図82　パイオニア植物マカランガの葉（下）。

山火事が起きた後、最初に生えてくるパイオニア（先駆）植物がマカランガだ（図82）。一枚あたりの葉の面積が大きく、その葉を共生するアリが守っている。土を掘っているだけでも、アリたちが襲いかかってくる。土を掘る時に、根っこを傷

図83　チガヤ草原。その向こうにはアカシアの森（左）。チガヤ草原はよく育ち、よく燃える。乾季、野火により消失した調査地（右）。

つけているからだろう。原生林のフタバガキ科の樹木がアカマツのように外生菌根菌と共生した細かい根を持つのと比較すると、マカランガの根っこはずいぶん太い。養分を吸収する能力は高くないのではと侮《あなど》っていたが、太さの割に多量の有機酸を放出する。これにより粘土に捕獲されているリン酸を溶かし出す。結果として、マカランガは多くのリンを吸収できる。リンを豊富に含むマカランガの落ち葉を材料とした腐植は、やはりリンを多く含む。

さらに大規模な山火事の跡地には、マカランガすら育たない。そこには、不毛なチガヤ草原が広がった(図83)。チガヤは日本でも道端に生えているイネ科の雑草だ。窒素やリンは乏しいが、カリウムを多く含む。乾いた草原はしばしば火事を受け、その灰が土に加わる。そこには再び、チガヤが育つ。圧倒的な生命力だ。

森林回復を待ちきれなかった人々は、外来種のアカシアを植林した。すると、たちまち天然樹種を駆逐し、森の中に拡大してしまった。アカシアは、大気中の窒素ガスを利用できるマメ科の植物であるため、貧栄養な土壌で高い競争力を持つ。日本でも土のない岩の上に最初に生えてくるのは、いつも同様の能力を持つ植物たちだ。窒素を多く含むアカシアの落葉を材料とした腐植は、やはり窒素を多く含む。

よく見ると、窒素・リン・カリウムという三大栄養素を集める植物があり、それぞれの植物がかき集めた分だけ表土の養分が増加することが分かった。植物を見れば、そこを伐り拓いて燃やしたとき、どんな肥料を補助的にやれば収穫量が上がるかが分かる。例えばマカランガ林を伐り拓いた場合にはリン酸が増加するため、残るアカシアとチガヤの落ち葉を持ってきて燃やせば、足りない栄養分（窒素とカリウム）を補完できる。この小さな技術のウリは、３種類の植物資材が現地でいくらでもタダで手に入ることだ。

収穫量が上がれば、農地を捨てて新たに森林を伐採する必要がなくなる。もともと、野菜の少ない熱帯雨林の人々は森のフルーツにビタミンを求める。森も大事にしたいはずなのだ。技術の普及はまだこれからだが、現地の人々も喜んでくれた。裏山の成り立ちから始めた研究は、初めて人の役に立つ目途が立った。

満足していたが、これは一つの事例にすぎない。１００億人どころか１００人に役立つのかすら怪しい。大規模にできないのがスコップの弱みだが、スコップと簡単な知識しか使っていないのが強みでもある。世界で最も悪い土として紹介したタイ東北部の砂質土壌では、サトウキビ畑の斜面の下にマンゴーを植えることで、畑からこぼれた水と養分を回収しつつフルーツも得られる技術の有効性を確認した[17]。これはいろんな意味で「おいしい」ひと工夫だ。少しずつでも暮らしを改善できるかもしれない。

自分の足元の土が何で、どんな特徴を持っているのかということを普及できれば、現地の人々からもっと良いアイデアが出てくるはずだ。どこかよそに新しい土を見つけなくても、足元の土にはまだまだ可能性と希望がある。

第4章 日本の土と宮沢賢治からの宿題

黒ぼく土を克服する

裏山から世界に向けた目を、再び私たちの暮らす日本に向けよう。100億人の食糧問題は、人口が減少し続ける飽食の日本ではピンと来にくい。人口分布を見れば、日本は温暖で水も豊富にある。土も悪そうには見えない。インドネシアで農家にインタビューをすれば、経済援助目当てのように「土が悪い」としか答えてくれない。私の背後に日本政府がついているとでも勘違いしているのだろうか。日本の食材の産地をめぐるテレビ番組では、農家のおじさんが「この土がいい」といっているところしか見たことがない。本当のところ、日本の土は肥沃なのだろうか。

関東地方は黒ぼく土の畑で野菜栽培がさかんだ。ネギ畑が広がる茨城県牛久市のスーパーで長ネギ1本を無造作に買い物かごに放り込むと、その様子を見ていたネギ農家のおじさんに叱られたことすらある。長ネギは白い部分が長く、太くまっすぐに伸びたものが上等で、それを買うべきなのだという。こちらはネギの選び方を知らなければ、育て方も知らない。畑の一画を貸してもらい、調査することにした。土について聞くと、農家のおじさんは「ノッポだっぺ」という。黒ノッポは、北関東限定の黒ぼく土の呼称だ。だっぺは茨城の方言だが、ネイティブの語尾の発音は弱く、「ペ」よりも「プ」に近い。

春からネギではなくゴボウを栽培するというので、私もそれにならってゴボウを選んだが、ネギにしておくべきだった。日本ではキンピラゴボウはお惣菜の定番だが、世界中でゴボウを食べる国は少ない。戦争捕虜にゴボウを食べさせた日本軍が虐待をしたと騒がれたことすらあったという。ゴボウを英訳したところで、「edible burdock」は国際的には理解や評価を得にくい。この弱みは、見方さえ変えれば日本でしかできない研究をやっているという強みにもなるということにはなかなか気付かなかった。

ゴボウを栽培した経験はなかったが、実験区画だからと農家のおじさんには、いっさい手を出してもらわない約束だ（後にコンバインが実験区を踏み潰したが）。日本の農地土壌は肥料のやり過ぎといわれるが、本当だろうか。肥料のない条件で栽培すると、よく分かる。タイ東北部でサトウキビを栽培した時は無施肥で何も育たなかったが、あちらは世界で最も悪い土だった。日本は違う。すでにリン酸が豊富にあるというデータも得ている。おじさんは肥料を大してやらないのに上手に育てている。肥料を減らすことには、数百年後に枯渇するといわれるリン資源を有効活用するという意義がある。黒ぼく土というわりには少し腐植層が薄いようにも感じたが、問題ないはずだ。

理屈だけは充分並べた。ところが、である。元気に育たない。いくら過去の施肥量が多か

図84　防風林のおかげで右側の畑の土が一段高くなっている（茨城県牛久市）。

ったとしても、無施肥でうまくいくほど甘くはなかったのだ。雑草だけは元気に生えてくる。蒸し暑い夏は、作物だけでなく雑草の生育にも絶好の条件だった。名ばかりの農家の長男は土を語るのは得意でも、土を使うのは苦手だったのだ。巷では「無農薬・無施肥」をウリにする野菜まで売られているが、無施肥でも育つのは過去1万年かけて黒ぼく土に蓄積した腐植、窒素、リンが眠っているのと、長年培ったプロのノウハウがあるからだ。

よく観察すると、一枚の畑の中で、北側の地表面だけが一段高くなっている。風に乗って飛んできた火山灰は軽く、黒ぼく土は耕しやすい代わりに飛びやすい。春の嵐が来れば、乾いた砂埃が舞い、目を開けていられない。砂嵐の苦情対策に畑を囲うように植えた低木のそばに、あたりの肥沃な砂塵が堆積したため、一段高くなったのだ。おじさんは文字通り「一段と」肥沃な場所で、自分の家で食べる野菜をつくっていた。化学分析をしなくても、おじさんは肥沃な場所を知っている（図84）。スタートラインから違っていた。

ゴボウに足りなかったのは愛情だけではなく、リン酸だった。第2章では、真っ黒い黒ぼく土にはまだまだ腐植を吸着する力があると無邪気に喜んでいたが、粘土（アロフェン）は腐植にもましてリン酸イオンを強く吸着する（図18、45ページ）。リン酸イオンが粘土に一度吸着してしまうと、容易には手放してくれない。都合の悪いことに、リンは植物だけでなく粘土にも大人気なのだ。

腐植を多く含み肥沃に見える魔性の土は、実際のところ、肥沃ではなかった。「ノッポ」と特別な呼び名を持つのは、問題のある土壌を識別するためだったのだ。食糧不足だった日本が第二次世界大戦で満州や台湾に活路を見出そうとした一方で、水田にできない黒ぼく土の多くはススキ原野のままだった。戦後、中国東北部（旧満州）から帰国した人々は、満州のチェルノーゼムとは「似て非なる」黒ぼく土の開墾に苦しむことになる。粘土へのリン酸イオンの吸着や酸性害（アルミニウムイオン害）によって生育不良が相次いだ。それまで農地として利用されていなかったのにはワケがあったのだ。

転機となったのは日本の経済成長だ。日本円の力で改良したのが今日の黒ぼく土の姿である。畑にまいたのは札束ではなく、リン酸と石灰の肥料だ。インドネシアでは入手できなかった化学肥料だが、現在の日本では、むしろ肥料のやり過ぎが問題になる始末だ。畜産地帯では、フン尿由来の堆肥と化学肥料のやり過ぎで河川の水質悪化（富栄養化）まで問題になっている。

黒ぼく土を耕すと腐植の分解や侵食によって肥沃な表土が失われる。腐植層が薄かったのはそのせいだ。とくに毎年連続して同じ作物や同じ科または属の作物を栽培すると（連作という）、土壌中の栄養バランスが崩れ、作物の生育が悪化したり、特定の微生物（病原菌）が独り勝ちして増殖するために作物が病害にやられやすくなる。これを連作障害とか忌地《いやち》という。

周りのゴボウ畑を観察していると、一年目に畑の半面でゴボウを栽培し、翌年にもう半面でゴボウを栽培する。その翌年にはまた前年の畑に戻る。焼畑農業より周期は短いが、1年おきに畑の中を移動する。畑全面でゴボウを栽培するよりも収穫量は2分の1だ。60センチメートル以上の長さのゴボウを栽培するには、黒ぼく土を深く耕す専用の機械も要る。収穫時にも土からゴボウを引っ張り出す別の専用の機械も要る（図85）。コストが大きいのだから、たくさん収穫した方がいいに決まっている。そうしないのは、連作障害が怖いからだ。ゴボウはとくに連作に弱い植物だが、ほとんどの畑の作物は連作すると収穫量が落ちてしまう。雑草に病原菌に栄養分の欠乏、畑では収穫量を制限する障害は多い。のどかな農場は、

図85　黒ぼく土の畑でゴボウを引き抜く様子。左手奥は休耕中。

農家が守る戦場だった。

火山灰土壌からのリン採掘

日本の火山灰土壌にはリン酸がたくさん吸着され、眠っている。ゴボウではだめだったが、リンをうまく吸収できる植物を使えば、過剰に施用されたリン酸を回収することができるはずだ。地球にも懐にも優しい技術になる。

ジャワ島の火山灰土壌では、バナナもイネもよく育つ。ハワイも火山灰土壌だが、マカダミアはちゃんと実をつける。お土産の定番、マカダミア・ナッツ・チョコレートがその証拠だ。オーストラリアの熱帯雨林で先住民族（アボリジニ）たちの貴重な

図86　マカダミアの持つプロテオイド根。有機酸を放出することでリン酸を土から溶かし出す能力が高い（Lambers et al., 2008）[46]。

食材となっていたマカダミア・ナッツがハワイで大量生産できるようになったのは、オキシソルで鍛えた細い根が束になって有機酸（クエン酸）を放出することで粘土と結合したリン酸イオンを溶かし出すことができるためだ。マカダミアと同じ仲間でブラシ状の花をつけるバンクシアなら、オーストラリアまで行かなくても花屋の店先に並んでいる。鮮やかな花にはふさわしくない、ぎょっとするほど不気味な根（プロテオイド根）を持っている（図86）[46]。自分でリンを獲得する習慣があるため、ポットにリン酸肥料をやると逆にしおれる変わり者だ。ハワイの火山灰土壌はリンが溶け出しにくい問題はあるが、土の中には多量のリンが眠っている。マカダミアの根による火山灰土壌のリン〝採掘〟によって、ナッツの大量生産が可能になった。

常夏のジャワ島やハワイ島の土壌では、反応性に乏しいカオリン粘土が多い。これに対して、日本の黒ぼく土では、反応性の高いアロフェンと呼ばれる粘土が多い（図18、45ページ）。早く成長し、安定した粘土（カオリン）になってもらいたいとみな思っている。当の本人（アロフェン）は「大人になんてなりたくない」と拒否するわりに、一人前に迷惑だけはかける（リン酸イオンを吸着する）。この違いによって、日本の黒ぼく土は不良土壌と見なされてきた。一般的には、腐植に乏しい熱帯の土壌よりも黒い土の方が肥沃だが、火山灰土壌だけは日本の方が使いにくい。かの詩人で童話作家の宮沢賢治が農学校の教師だった時代、東北地方の火山灰土壌の改良に腐心した理由である。その戦いは今も続いている。

リン採掘の特殊能力を持つ作物が多くない中で、救世主になってきたのがソバだ。マカダミアと同じように、ソバは根から有機酸（シュウ酸）を放出することでアルミニウムや鉄を溶かし出し、リン酸を吸収することができる。有機酸には有害なアルミニウムイオンを解毒する作用もある。この特性によって、風味豊かなソバは北海道や東北、信州の黒ぼく土地帯の特産物となった。リン鉱石の資源枯渇が起きた時も、ソバは切り札になる可能性を秘めている。

リンを採掘する能力が高くない栽培植物の中からも、高原野菜、ジャガイモ、サツマイモ、

図87　黒ぼく土の中で１メートルも伸びる大塚ニンジン（山梨県西八代、みたまの湯・のっぷいの館提供）。「のっぷい」は黒ぼく土の地方名。

コンニャク、ユリ根……排水性と通気性のよい黒ぼく土の特長を活かした農業が生み出されている。横にも縦にもノビノビと育つ練馬大根や大塚ニンジンは、フカフカした黒ぼく土に適応した例だ（図87）。各地の黒ぼく土の性質に合う作物を見つける試行錯誤の末に、最適化された農業が存在する。問題は、その農業の技術や文化を維持するのが難しくなっていることだけだ。

田んぼの土のふしぎ

裏山の若手土壌、台地の黒ぼく土と並んで重要な日本の土は、水田土壌だ。当たり前のように稲穂を実らせる田んぼの景色を見る限り、肥沃だとしか思えない。しかし、雨が多いと土が酸性になりやすいのは若手土壌と同じだし、火山灰由来の粘土がリンを吸着する力が強いのは黒ぼく土と変わらない。田んぼの土は、本当に肥沃なのだろうか。

土砂崩れや洪水によって新たに土砂が堆積する扇状地や沖積平野の土壌（沖積土）は分類すると未熟土になる。あまたの災害を受けても、その上に田んぼを作り続けてきた。農業のできない土を選んだフィンランドの人々もびっくりするような選択である。日本史を見直すと、時代を問わず、こつこつと田んぼを増やしてきた歩みだったといえる。歴史上にその名を残す武将たちの多くは、水田造成という土木事業のリーダーでもあった。現在の日本で放棄水田やダイズへの転作が増えているのとは真逆の原理が働いてきた。二千年にもわたり、先人たちが未熟土を耕してきた理由は何なのだろうか。そこには相応のメリットがある。

まず酸性土壌の問題だが、灌漑水を取り込むことで、カルシウムなどの栄養分が補給される（図88）。すると、粘土にくっついていた酸性物質（水素イオンやアルミニウムイオン）が中和され、土が中性になる。水を張ることでリンの問題も解決する。水を張った土の中は還元的（嫌気的、ドブ臭くなる状態）になり、鉄さび粘土が水に溶け土は青灰色（Fe^{2+}イオンの色）になる。鉄が溶けた証拠だ。すると、鉄さび粘土に拘束されていたリン酸イオンが解放される。イネはこれを吸収することで、リンに困ることなく成長できる。日本の土が抱

図88　富山県立山町の立山連峰を水源とする水田（左）とその土壌（右）。還元状態では赤い鉄さび粘土が溶け、土は青灰色に変わる。

える二つの問題が、水田土壌ではなくなるのだ。

水田稲作には、ほかにも畑作にない魅力がある。連作障害がないことだ。田んぼに水を張ったり抜いたりの変化を繰り返すことで、土壌中の病原菌の独り勝ちを防ぐことができる。畑地と比べれば雑草も少ない。いいこと尽くめならば、世界中でやればいいのにと思うが、水田のほとんどはアジアに集中している。ここには水の豊かさが関わっている。

私の郷里の富山県立山町は豪雪地帯だ。冬は一日に何度も雪かきをしなければ玄関が埋もれてしまう。せっせと雪かきをする母の背中に、雪国で生きる意味を疑問に思ったものだ。おまけに、腰が痛いといいながら「雪が降らないと寂しい」といったりもする。謎は深まるばかりだ。そんなことを考える前に、雪かきを手伝うべきだったかもしれない。ともかく、なぜこんなに大変な思いをしてまで、雪国に暮らすのか。その謎は、秋になると少しだけ解ける。豊富な雪解け水が田んぼの土を潤し、黄金色の実りをもたらす。豊富な水が、水田土壌のふしぎな能力を発揮させ、日本を瑞穂《みずほ》の国たらしめている。

宮沢賢治からのリクエスト

一枚の田んぼ（単純化して1ヘクタール、100メートル×100メートル）は、水を張るだけなら、水かさとして10センチもあれば充分だ。しかし、水は土に浸み込んでしまう。そして、なによりイネが水を吸収する（蒸散）。同じ水かさを維持するためには、1年間に3000万リットルもの水を必要とし、これは、3000ミリ分の雨水に相当する。

日本の平均降水量は1500ミリなので、雨水だけでは3000ミリはまかなえない。しかも、稲作に必要な時に雨が降ってくれるわけではなく、台風や雪として気まぐれに降ってくる。山から流れておりてくる川の水の供給がないと、安定して水を確保できないのだ。豪

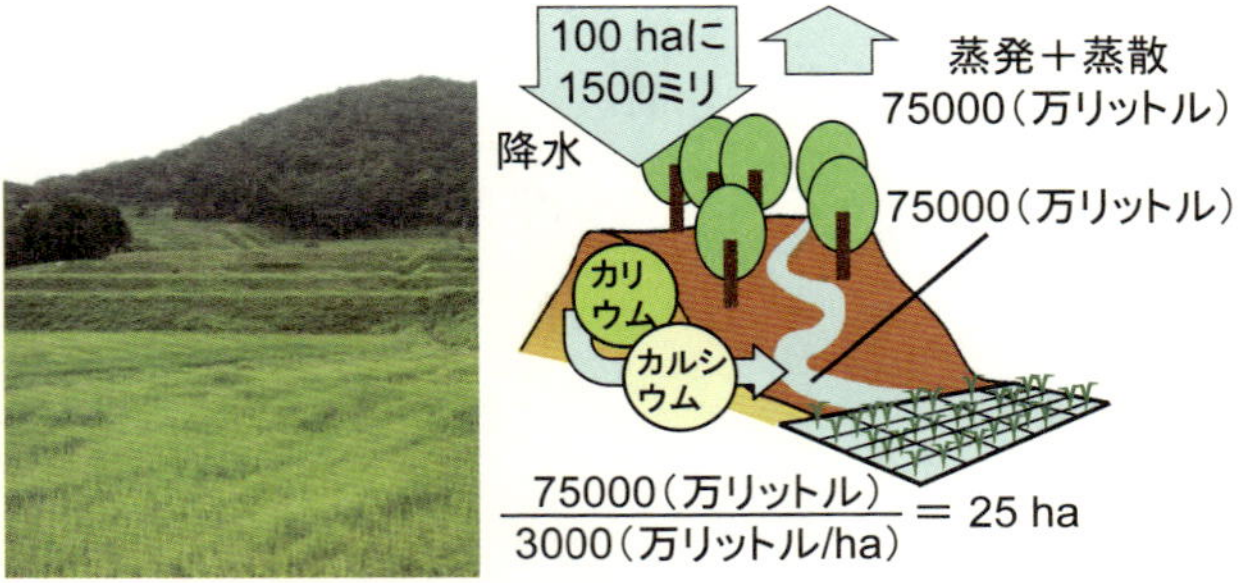

図89　低山のブナ林を水源とする棚田（京都府宮津市）と水の循環。

雪地帯の場合、雪かきした分だけ、田んぼへの豊かな水が保証される。腰痛と引き換えに、夏の田んぼの水を確保できるのだ。

　これに対して、大きな河川のない京都府北部の山あいの棚田を比較しよう。大規模な農業用水のない条件では棚田を取り囲むブナ林から流れてくる渓流水や湧き水によって栽培できる田んぼの枚数が決まってしまう（図89）。水源林に降る雨が少なければ、水が不足する危険性があるのだ。

　計算してみよう。１年間の降水量１５００ミリのうち、半分の７５０ミリが蒸発や植物の蒸散によって消費される。すると、残った７５０ミリ分の雨水が山を下る。水源のブナ林が１００ヘクタールあれば、７・５億リットルの水が供給されることになる。一枚の田んぼには３０００万リットルが必要だから、25枚の田んぼを栽培できる。田んぼ一枚のコメの収穫量を５トン（現在）とすると、25枚ではコメ１２５トンの収穫を見込める。１年間に一人当たり２５０キログラムの米を消費したとすると、その村は５００人の人口を養える。これは水だけでなく肥料と農薬も充分にあった場合だ。降水量が１０００ミリなら、養える人口は２００人を割り込む。もしも江戸時代のように肥料と農薬がなかったなら、一枚の田んぼからの収穫量は１トン、養える人口も１００人にまで落ち込む。とても大雑把な計算だが、土と水はそれだけ決定的な意味を持ち、私たちはそれに依存している。

宮沢賢治は農学校の教師だった時代、農民にこういう計算を暗算でできるようになるよう求めていた。それはさすがに難しいのではないかとも思うが、窒素肥料をやりすぎるとイネが倒伏してしまうし、そもそも肥料を買うお金が無駄になってしまう。賢治の要求もうなずける。現在の日本の水田の抱える問題とも共通している。

中山間地の放棄水田やダイズへの転作が増えている要因には、私たちのコメの消費量が減っていることや人手不足の問題もあるが、農作物の値段に対して肥料価格が高騰していることも原因の一つだ。化学肥料をまく量を最適化するという賢治からの宿題を解けば、農家の負担を減らすことができるはずだ。

SATOYAMAで野良稼ぎ

「イネは地力《ちりよく》で、ムギは肥料でとる」という言葉がある。地力とは、化学肥料ではなく土そのものの持つ養分供給力のことであり、「イネは土にもともとある栄養分でも育つが、ムギは肥料なしに育たない」ことを伝えている。これは、稲作なら何もしなくてよいということではない。

童話『桃太郎』では、「おじいさんは山へ柴刈りに、おばあさんは川へ洗濯に」行く。これを学術的には、里山の資源利用という。専門家の集う国際学会ならば、そのままSATOYAMAで通じる日本人の勤勉さを示す言葉だ。柴刈りで集めた草葉や小枝は、燃料にするだけではなく、田んぼの土にまぜて肥やし（刈敷《かりしき》）にもしていた。化学肥料が利用できる今日の日本では忘れられているが、山の恵みを活かすことができれば、化学肥料の負担を減らすことができるかもしれない。

日本の稲作で水を利用する仕組みは、芸術的だ。二度にわたって失敗した身の程知らずの栽培試験はやめにして、観察させてもらうことにした。

交渉では、富山弁を使える地の利が最大限に生きる。

「田んぼの端っこ、貸してくれんけ」

「なーん、つかえんちゃ」

「なーん」は「いいえ」、「つかえんちゃ」は「差支えない」、つまり、英語に翻訳すると「ノー・プロブレム」を意味する。交渉成立である。

朝夕、農家のおじさんが田んぼの水かさを調節する。箱庭のように整然と張り巡らされた灌漑システムは、山からの水と栄養分を土に補給する意義がある。渓流水を直接引いている山あいの水田は、近くのスギ林１ヘクタールから渓流水を通して０・１ヘクタールの田んぼに流れ込んでいる。渓流水を介して田んぼへ供給されるカリウムの量を測定してみると、６キロ（栽培期間中）にもなる。これは農協の推奨する標準施肥量に近い。山からの天然の肥料を見込んで、人間がまく肥料の量を多少減らしても大丈夫だということを裏付けることができた。ちなみに、学生時代に裏山で求めた１年間の土の風化速度は０・１ミリメートル。それによって放出されるカリウムの量は10キロだ。水田に供給される６キロとも近い。裏山の土の成り立ちの基礎研究は、水田への養分供給を見積もる応用研究でもあった。生物活動と岩石の風化が活発な裏山は、下流の人間活動までも支えていた。

化学肥料のなかった時代、渓流水の恵みだけでは足りず、スギの針葉や小枝も鋤《す》き込んでいた。スギの枝葉はカルシウムを豊富に含んでいる。桃太郎のおじいさんの柴刈りには肥沃な土を維持する意義もあったのだ。裏山からの渓流水は、雨さえ降れば味噌汁のように濁り、土の粒子ごと田んぼに流れ込む。森林から届く土壌粒子にへばりついた腐植は、稲わらよりも分解しにくい。水田の腐植の量を維持するのに一役買っている。森林からだけ見ていると、柴刈りも土砂流出も森からの養分損失だと大騒ぎするところだが、国土全体で見れば、損得勘定ゼロだ。上流からこぼれた水や養分を海に漏らす前に回収する仕組みが田んぼにはある。上から流れて来たものを、そのまま流してしまっていたら、稲作も桃太郎のお話も始まらなかった。

図90　田んぼに浮かぶラン藻。窒素ガスを肥料に変える力を持つ。

田んぼに張った水を泳ぐオタマジャクシやアメンボの傍《かたわら》には、さりげなくラン藻も浮かんでいる（図90）。肥料の半分近い窒素を大気中から固定し、田んぼを肥沃にしてくれている。化学肥料に依存し始めたのは戦後の話で、数千年の日本の稲作の歩みはむしろ里山の養分供給力に支えられてきた。さまざまな生態系のつながり、生き物の結びつきを活かせば、農家の大きな負担となっている肥料価格の高騰に対抗することも可能だ。

水田稲作に失敗したボルネオ島と日本との違いは、山からもたらされる河川水のカルシウムやケイ素の量だ。日本では、山の土を通過した水はケイ素を多く含み、イネを病気に強くする。イネに限らず、ケイ素の有無でニワトリの成長が大きく変わることも報告されている（図91）。ケイ素は必須養分ではないが、骨をつくる活動を促進する働きがある。日本人の髪の毛にはケイ素が高濃度で含まれていることから[48]、ケイ素の摂取量は充分なようだ。溶けやすいケイ素を豊富に含む火山灰土壌や未熟土の風化の賜物である。ケイ素は、インドネシアのボルネオ島の人々が欲しくても手に入らなかったものだ。ボルネオ島で実らないイネを見て、自分がいかに恵まれた土に育ったのかと思い知った（図78、175ページ）。土を毎日触っているはずの私も、日本の土のありがたみは充分に認識できていなかったのだ。

ケイ素が不足しがちな地域では、オオムギ・ビールが

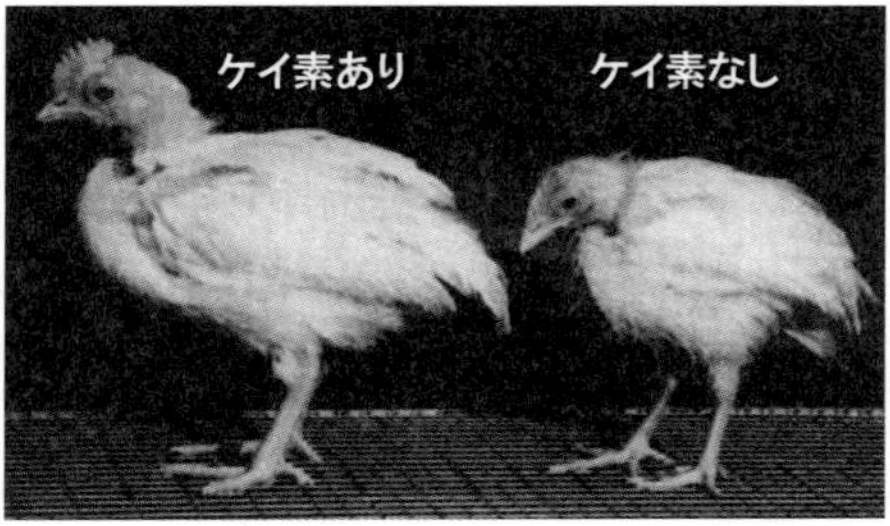

図91　ケイ素を含む食事を摂ったニワトリ（左）はケイ素抜きの食事を摂ったニワトリ（右）よりも成長がよいという（Carlisle et al., 1972）[47]。

大人のケイ素摂取量の20パーセントを占め、「ビール3杯で医者いらず」というキャンペーンもある[49]。日本人はビールなしでもケイ素は足りているはずだが、夜の繁華街にはこのキャンペーンに便乗する人々も多い。

日本の土もすごい

乾燥地のチェルノーゼムの灌漑農業、オーストラリアの砂漠土では、水が欠乏しやすい。インドネシアの熱帯雨林には水はあるが、リンが欠乏しやすい。水とリンのどちらかが足りない。日本の土壌には、潜在的にこの二つがそろっている。

現状では、黒ぼく土に眠るリンを取り出すよりも、リン鉱石からつくったリン酸肥料をまいた方が安い。棚田でコメをつくるより輸入した方が手っ取り早い。しかし、世界人口が100億人へと突入し、水やリン酸資源の供給が不安定化する時代がやって来る。リン酸肥料が高くなれば、大量のリンの眠る黒ぼく土はもうかる土になる可能性もある。水の豊かさは土を酸性にしてしまう問題をはらんでいるが、それは石灰肥料をまけば改良できる。石灰肥料の普及は、そのセールスマンだった宮沢賢治の悲願でもあった。鉱物資源の乏しい日本にあって石灰岩だけは自給可能だ。水もリンも石灰もある黒ぼく土の未来は、見た目ほど暗くない。

国内総生産（ＧＤＰ）が伸び悩んでいる国の中で、耕作放棄地だけは順調に増加している。とくに日本で最も肥沃な沖積土は、同時に工業立地や居住地としても人気の高い場所であり、都市化に飲み込まれ続けている。再び農地として利用しようとすると土壌汚染の修復に数百億円を要すると聞き、初めて事の重大さを思い知ることになる。現在失われようとしている農地土壌の能力を維持するというのは、攻めの農業という言葉ほど華やかさはないかもしれない。それでも、本来必要ないはずの土壌修復への税金投入を節約したり、潜在的に国際競争力の高い産業を持つことも可能となる。肥沃な土は私たちの足元にもある。

バーチャル・ソイル

都市人口が増加した日本では、土を触ったり、耕す機会は減ってしまった。しかし、12種類の土は表に見えないところで、さまざまなものにかたちを変えて私たちの生活と関わっている。これをバーチャル・ソイルと名付けたい。

バーチャル・ウォーター（仮想水）という概念がある。食料を輸入することは、その食品の生産や移動に要した水をも消費していることを意味する、ということだ。土と水は一緒にその大切さを語られることが多いが、直接口にしない土の方が説得力に欠ける。バーチャル・ウォーターに対抗する意味を込めた「バーチャル・ソイル」の目指すのは、「食糧を輸入することは、土の栄養分まで輸入している」とか、「知らず知らずのうちに土を劣化させている」とか、「土を大切にしましょう」なんていう啓蒙だけが目的ではない。それ以前に、土と私たちの見えないつながりを発掘することにある。自分がどんな土に生かされているかを理解することで、自分の身を守ることもできる。

抽象的なことをいうよりも、具体的な食事や健康との関わりから説明しよう。私たちの食卓に並ぶ食べ物の95パーセントは、統計上、土に由来する[50]。ただし、食べているのは土ではなく、植物を介してだ。植物は動けないため、その栄養バランスは土の養分供給力に大きく左右される。

12種類の土壌の養分供給力を比較すると、栄養分の過不足がないのはチェルノーゼムや一部の粘土集積土壌くらいだ。アルカリ性を示す砂漠土やひび割れ粘土質土壌の一部では、鉄が溶け出しにくくなる。鉄の少ない植物を摂取し続ければ貧血になるリスクを高める。日本では心配ないはずの鉄不足だが、石灰肥料をやり過ぎた畑の土やハウス栽培の土では同じリスクが生じる。露地栽培とハウス栽培の農産物、野菜と肉・魚、バランスよく摂取することの意義は、栄養士さんだけではなく土も支持している。

化学肥料がなかった時代、オキシソルではカルシウム、リンの欠乏が骨折のリスクを高めていたという[42]。ポドゾルや泥炭土の多いフィンランド、中国の内陸部には、土壌中のセレンという微量元素の欠乏によって心臓が衰弱してしまう風土病（克山病）がある[51][52]。日本では火山灰土壌でも若手土壌でも未熟土でも、本来は、みな酸性だ。カルシウムやナトリウムは乾燥地の土壌よりも少ない。それでも、土を原因とする明らかな欠乏症は報告されていない。土の栄養分と不足を補う肥料のおかげだ。

喜んでばかりもいられない。土に恵まれていることは必ずしも健康と直結していない。一つの地域の土壌の農産物ばかりを食べていると栄養素が偏るリスクがある反面、いろんな地域の土壌に由来する農産物が集まる都市部ではそもそも食に気を配らないために、よほど不健康な人が多いという[53]。スーパーでいろんな産地の食材を選ぶことが、自分の健康にも産地の応援にもつながる。

火星のレゴリスには有害な重金属のクロムが高濃度で存在しているが、地球の土では地中深くに沈み込んでくれている[54]。地球にあるのは、人為的な土壌汚染のリスクの方だ。鉱山から流出したカドミウムがイタイイタイ病を引き起こしたのがその例だ。上流から流出した養分を補足する水田と沖積土（未熟土）の強みが、弱みに変わることもある。弱みを強みに変えられるのか、その逆へと進むのかは、社会全体の知識の有無に大きく依存する。自分の生活と12種類の土との関わりを認識することは、自分の食と健康を守る最初の一歩だ。

土に恵まれた惑星、土に恵まれた日本

平均的な日本人の土との関わりを再現しよう（図92）。朝食は**チェルノーゼム**で育てた小麦パンに北欧の**ポドゾル**でとれたブルーベリー・ジャム。**粘土集積土壌**の飼料で育てた牛からとれるミルク。お昼は、アジアの熱帯雨林と**強風化赤黄色土**が育む香辛料（ウコン）を豊富に使ったカレーライスと**黒ぼく土**でとれた野菜サラダ。おやつに**砂漠土**のナツメヤシの入ったオタフクソースをかけたたこ焼きを頬張る。夜は**未熟土**でとれたおコメ、黄砂（**若手土壌**）に育まれた太平洋マグロのお刺身。シベリアの**永久凍土**地帯からやって来る冬将軍に怯えながら、**ひび割れ粘土質土壌**で生産されたコットンを**泥炭土**の化石である石炭で青く染めたジーンズをはき、石炭で発電した電気ストーブで温まる。そして、**オキシソル**を原材料にしたスマホを大切そうに握りしめている。

ヒトほど土を資源として多種多様に利用する動物は他にいない。カロリーベースでは大し

図92　バーチャル・ソイル。多様な土とつながっている。

たことはなくても、代替不可能なサービスを提供してくれている土もある。ちなみに、「犯罪を生み出す土壌」は存在しないし、土は犯罪を生み出さない。生み出すのは、食と命だ。

日本人はやはり日本の火山灰土壌や未熟土と密接に結びつき、その恵みを享受していることが分かる。食糧自給率の低さや農地面積の減少、農業の担い手不足という暗いニュースに覆われて忘れがちだが、日本は農業大国になれるだけの肥沃な土を持っている。私たちは国土を危険にさらす外国の脅威には敏感になれるが、その国「土」が荒廃しつつあることには鈍感であることが多い。土の発達には数千年かかるとか、汚染土壌の修復に数百億円かかるという事実に愕然とする前に、予防も可能だ。

なにも今から畑に出て土づくりを始めなくてもいい、スコップを持って12種類の土をめぐる旅に出る必要もない。それでも、土壌に恵まれた惑星、そして、土壌に恵まれた国に育った人間として、ただそこに当たり前のように黒い土があることの有難みを知っておいてもいいはずだ。土に関わる少数派として、地球の土、日本の土の価値を発信する責務の一端を果たしたいと思う。１８００円のしおれたハクサイを買わなくてもよい生活を守るために。

あとがき

地球の土も頑張っている。

保身に走らせていただくと、本書はＮＡＳＡや火星の農業に向けた研究を否定するものではない。ＮＡＳＡは未踏の荒野へと挑戦するパイオニアであり、文字通り「雲の上」の存在である。一方で足元の小宇宙にもまだまだ多くのナゾが潜んでいる。１００億人を養うヒントの多くも埋もれたままだ。土の原理の発見は、ベランダでもできるポット栽培や畑でヒントを得たものも多い。地球最後のナゾに挑むのに資格はなく、公園の砂場やベランダのプランターから冒険は始まっている。

残念ながら、家でも学校でも土いじりを学ぶ機会は多くない。土壌汚染や間違った認識が蔓延し、カリキュラムにないと土のことすら教えられない学校教育にもどかしさを感じることが多い。その反面、知識を求める人々に応えられてなかったのではという研究に関わる立場からの反省もある。本書が少しでも土の知識の普及に役に立てば幸いである。

土をめぐる旅の中に、土に関する基本知識は可能な限り溶かし込もうと努めた。ただし、土は名前や知識を覚えるよりも、使い方、耕し方を覚えた方が生産的だ。即、明日の土いじりに役に立つような情報がないことは申し訳なく思っている。それに関しては「イネのことはイネに聞け　農業のことは農民に聞け」（横井時敬）という言葉がある。この本で書いたことの多くも、世界各地の農家のみなさんに突撃取材して教えてもらったことだ。土のことは土に聞いた。世界中の土とつながっていたのだと分かってもらえたなら嬉しい。

私の専門は、土壌学という。研究対象が地味な上に、私自身アピール力に自信はない。「裏山の土の成り立ち」を研究する若者にはスポンサーが不可欠だ。研究費がなくなり、にっちもさっちもいかなくなって恩師の研究室に電話をすると、こちらが話す前に「ナンボ足りんの?」と迎えてくださった小﨑隆京都大学名誉教授（現・愛知大学教授）には、感謝の言葉もない。恩師は、近く国際土壌科学連合の会長として「国際土壌の10年（２０１５〜２０２５年）」の旗振り役を務める。「先生はいつ電話がかかってきてもよいように準備されていましたよ」と秘書の方から伺い、スコップを持つ手にも力が入った。

山の中、研究の大海原で迷子になりながらも前進できるのは、舟川晋也京都大学教授の御指導によるところが大きい。楽しそうに先をすたすた歩く背中に勇気をもらい続けてきた。京都大学土壌学研究室のメンバーをはじめ、森林総合研究所の諸先輩、同僚の皆様の支援に感謝申し上げたい。久馬一剛京都大学名誉教授には本書を一読いただき、貴重なアドバイスをいただいた。

本書ではアメリカ農務省の土壌分類 Soil Taxonomy に基づき、12種類の土壌種に絞った[11]。永久凍土はジェリソル、泥炭土はヒストソル、ポドゾルはスポドソル、未熟土はエンティソル、若手土壌はインセプティソル、黒ぼく土はアンディソル、チェルノーゼムはモリソル、ひび割れ粘土質土壌はバーティソル、砂漠土はアリディソル、強風化赤黄色土はアルティソル、粘土集積土壌はアルフィソルと対応する。オキシソルはオキシソルのままだ。イメージしやすさを優先し、学術的な表現を避けた箇所があることをご了承いただきたい。

編集を担当していただいた廣瀬雄規氏、きっかけをいただいた古川遊也氏には、多くのアドバイスや激励を受けた。土という地味なテーマの本を出版する勇気と拙筆に向き合ってくださった粘り強さに感謝したい。

引用文献

〔1〕 Wamelink et al. 2014. Can plants grow on Mars and the Moon: A growth experiment on Mars and Moon soil simulants. PLOS ONE 9(8): e103138.

〔2〕 「火星の土」でミミズの繁殖に成功、ＮＡＳＡの模擬土　ナショナルジオグラフィック　２０１７年12月

〔3〕 小学校学習指導要領（平成10年12月）第２章各教科第４節理科

〔4〕 Science 2004 年 304(5677) 巻

〔5〕 Carrier 1973. Lunar soil grain size distribution. The moon 6, 250-263.

〔6〕 Baker 2001. Water and the Martian landscape. Nature 412, 228-236.

〔7〕 Morris et al. 2006. Mössbauer mineralogy of rock, soil, and dust at Gusev crater, Mars: Spirit's journey through weakly altered olivine basalt on the plains and pervasively altered basalt in the Columbia Hills. Journal of Geophysical Research: Planets 111.E2

〔8〕 D'Onofrio, et al. 2010. Siderophores from neighboring organisms promote the growth of uncultured bacteria. Chemistry & Biology 17, 254-264.

〔9〕 Klein et al. 1976. The Viking biological investigation: preliminary results. Science 194, 99-105.

〔10〕 ロシアのチェルノーゼム翻訳グループ訳 2018. ドクチャエフ著 Russkii Chernozem.

〔11〕 Soil survey staff. 2014. Keys to Soil Taxonomy, 12th ed. USDA-Natural Resources Conservation Service, Washington, DC.

〔12〕 Shinjo et al. 2006 Carbon dioxide emission derived from soil organic matter decomposition and root respiration in Japanese forests under different ecological conditions. Soil Science and Plant Nutrition 52, 233-242.

〔13〕 Von Uexküll & Mutert 1995. Global extent, development and economic impact of acid soils. Plant and Soil 171, 1-15.

(14) Fujii et al. 2008. Contribution of different proton sources to pedogenetic soil acidification in forested ecosystems in Japan. Geoderma 144, 478-490.

(15) Brown et al. 1997. Circum-Arctic map of permafrost and ground-ice conditions. U.S. Geological Survey in Cooperation with the Circum-Pacific Council for Energy and Mineral Resources. Circum-Pacific Map Series CP-45, scale 1:10,000,000, 1 sheet.

(16) Hickin et al. 2015. Pattern and chronology of glacial Lake Peace shorelines and implications for isostacy and ice - sheet configuration in northeastern British Columbia, Canada. Boreas 44, 288-304.

(17) Fujii et al. 2017. Acidification and buffering mechanisms of tropical sandy soil in northeast Thailand. Soil and Tillage Research 165, 80-87.

(18) Fujii et al. 2010. Biodegradation of low molecular weight organic compounds and their contribution to heterotrophic soil respiration in three Japanese forest soils. Plant and Soil 334, 475-489.

(19) Darwin 1846. An account of the fine dust which often falls on vessels in the Atlantic Ocean. Quarterly Journal of the Geological Society (London) 2, 26-30.

(20) 成瀬敏郎「第四紀の風成塵・レスについて」『第四紀研究』53, 75-93. 2004年

(21) Slessarev et al. 2016. Water balance creates a threshold in soil pH Water balance creates a threshold in soil pH Nature 540, 567-569.

(22) Reichman & Smith 1990. Burrows and burrowing behavior by mammals. Current mammalogy 2, 197-244.
Cox 1987. Soil translocation by pocket gophers in a Mima moundfield. Oecologia 72, 207-210.

(23) Fujii et al. 2013. Importance of climate and parent material on soil formation in Saskatchewan, Canada as revealed by soil solution studies. Pedologist 57, 27-44.

(24) Fujii et al. 2010. Acidification of tropical forest soils derived from serpentine and sedimentary rocks in East Kalimantan, Indonesia. Geoderma 163, 119-126.

(25) Wich et al. 2006. Forest fruit production is higher on Sumatra than on Borneo. PLOS ONE 6(6): e21278.

(26) 今井秀夫「熱帯における野菜栽培について」『熱帯農業』42, 200-208. 1998年
(27) Lal 2004. Soil carbon sequestration impacts on global climate change and food security. Science 304, 1623-1627.
(28) Fujii et al. 2018. Sorption reduces the biodegradation rates of multivalent organic acids in volcanic soils rich in short-range order minerals. Geoderma DOI: 10.1016/j.geoderma.2018.07.020　印刷中
(29) Baritz et al. 2014. Harmonization of methods, measurements and indicators for the sustainable management and protection of soil resources. Global soil partnership Pillar 5.
(30) Woolf et al. 2010. Sustainable biochar to mitigate global climate change. Nature Communications 1, 56.
(31) Blum et al. 2004. Soils for sustaining global food production. Journal of Food Science 69.
(32) 鬼頭宏『人口から読む日本の歴史』講談社 ２０００年
(33) Wurster et al. 2016. Barriers and bridges: early human dispersals in equatorial SE Asia. Geological Society of London, London, Special Publications, 411, 235-250.
(34) Alexandratos et al. 2012. World agriculture towards 2030/2050: the 2012 revision (Vol. 12, No. 3). FAO, Rome: ESA Working paper.
(35) Smaller et al. 2009. A thirst for distant lands: Foreign investment in agricultural land and water. International Institute for Sustainable Development.
(36) Godfray et al. 2010. Food security: the challenge of feeding 9 billion people. Science 1185383.
(37) Donarummo et al. 2003. Possible deposit of soil dust from the 1930's US dust bowl identified in Greenland ice. Geophysical Research Letters 30.
(38) Lal 2014. Societal value of soil carbon. Journal of Soil and Water Conservation 69, 186-192.
(39) Ahrens et al. 2014. The evolution of scarab beetles tracks the sequential rise of angiosperms and mammals. Proceedings of the Royal Society B 281, 1470
(40) Place & Meybeck 2013. Food security and sustainable resource use -what are the resource challenges to food security? Background paper for the conference on “Food Security Futures: Research Priorities for the 21st Century”,

11-12 April 2013, Dublin, Ireland. 78p.
(41) 高橋英一　『肥料の来た道帰る道―環境・人口問題を考える』　研成社　１９９１年
(42) Sanchez & Buol 1975. Soils of the tropics and the world food crisis. Science 188, 598-603.
(43) Abruña-Rodríguez et al. 1982. Effect of soil acidity factors on yields and foliar composition of tropical root crops 1. Soil Science Society of America Journal 46, 1004-1007.
(44) Peduzzi 2014. Sand, rarer than one thinks. Environmental Development 11, 208-218.
(45) Welland 2009. Sand: the never-ending story. University of California Press
(46) Lambers et al. 2008. Plant nutrient-acquisition strategies change with soil age. Trends in Ecology & Evolution 23, 95-103.
(47) Carlisle et al. 1972. Silicon: an essential element for the chick. Science 178, 619-621
(48) Sera et al. 2002. Quantitative analysis of untreated hair samples for monitoring human exposure to heavy metals. Nuclear Instruments and Methods in Physics Research Section B: Beam Interactions with Materials and Atoms 189, 174-179.
(49) Sripanyakorn et al. 2009. The comparative absorption of silicon from different foods and food supplements. British journal of nutrition, 102, 825-834.
(50) Food and Agriculture Organization of the United Nations 2015. Healthy soils for a healthy life.
(51) Gupta et al. 2002. Quality of animal and human life as affected by selenium management of soils and crops. Communications in Soil Science and Plant Analysis 33.15-18: 2537-2555.
(52) Blazina et al. 2014. Terrestrial selenium distribution in China is potentially linked to monsoonal climate. Nature Communications 5, 4717.
(53) Oliver et al. 1997. Soil and human health: a review. European Journal of Soil Science 48, 573-592.
(54) Halliday et al. 2001. The accretion, composition and early differentiation of Mars. Space Science Reviews 96, 197-230.

藤井一至（ふじいかずみち）

土の研究者。国立研究開発法人森林研究・整備機構森林総合研究所主任研究員。1981年富山県生まれ。京都大学農学研究科博士課程修了。博士（農学）。京都大学研究員、日本学術振興会特別研究員を経て、現職。カナダ極北の永久凍土からインドネシアの熱帯雨林までスコップ片手に世界各地、日本の津々浦々を飛び回り、土の成り立ちと持続的な利用方法を研究している。第一回日本生態学会奨励賞（鈴木賞）、第三十三回日本土壌肥料学会奨励賞、第十五回日本農学進歩賞受賞。著書に『大地の五億年　せめぎあう土と生き物たち』（山と溪谷社）など。

土《つち》　地球最後《ちきゅうさいご》のナゾ　100億人《おくにん》を養《やしな》う土壌《どじょう》を求《もと》めて

2018年8月30日初版1刷発行
2025年6月30日　　12刷発行

著　者 ── 藤井一至
発行者 ── 三宅貴久
装　幀 ── アラン・チャン
印刷所 ── 近代美術
製本所 ── 国宝社
発行所 ── 株式会社光文社
東京都文京区音羽1-16-6（〒112-8011）
https://www.kobunsha.com/
電　話 ── 編集部03（5395）8289　書籍販売部03（5395）8116
制作部03（5395）8125
メール ── sinsyo@kobunsha.com

ISBN 978-4-334-04368-1

KOBUNSHA

光文社新書

948

天皇と儒教思想

伝統はいかに創られたのか?

小島毅

「日本」の国名と「天皇」が誕生した八世紀、そして近代天皇制に生まれ変わった十九世紀、いずれも思想資源として用いられたのは儒教だった。新しい「伝統」はいかに創られたか?

978-4-334-04354-4

949

デザインが日本を変える

日本人の美意識を取り戻す

前田育男

個性と普遍性の同時追求、生命感の表現、匠技への敬意。経営危機の自動車会社を世界一にしたデザイン部長の勝利哲学。新興国との競争で生き残るには、一つ上のブランドを目指せ!

978-4-334-04355-1

950

さらば、GG資本主義

投資家が日本の未来を信じている理由

藤野英人

ドン詰まりの高齢化日本に、ついにさまざまな立場から変化の兆しが見えてきた。金融庁の改革、台頭する新世代の若者たち……etc. 現代最強の投資家が語る、日本の新たな可能性。

978-4-334-04356-8

951

人生後半の幸福論

50のチェックリストで自分を見直す

齋藤孝

40代、50代は人生のハーフタイム。今、立て直せばあなたは必ず幸せになれる。人生100年時代、75歳までを人生の黄金期にするための方法をチェックリスト形式で楽しくご案内!

978-4-334-04357-5

952

日本人はなぜ臭いと言われるのか

体臭と口臭の科学

桐村里紗

「におい」は体の危機を知らせるシグナル。体臭・口臭に気付き改善することは根本的な健康増進につながる。におい物質と嗅覚や脳の関係、体臭をコントロールする方法なども紹介。

978-4-334-04358-2

953
知の越境法
「質問力」を磨く
池上彰

森羅万象を噛み砕いて解説し、選挙後の政治家への突撃取材でお馴染みの池上彰。その活躍は〝左遷〟から始まった。領域を跨いで学び続ける著者が、一般読者向けにその効用を説く。

978-4-334-04359-9

954
警備ビジネスで読み解く日本
田中智仁

警備ビジネスは社会を映す鏡――。私たちは、あらゆる場所で警備員を目にしている。だが、その実態を知っているだろうか？「社会のインフラ」を通して現代日本の実相を描き出す。

978-4-334-04360-5

955
残業の9割はいらない
ヤフーが実践する幸せな働き方
本間浩輔

あなたの残業は、上司と経営陣が増やしている。「1 on 1」「どこでもオフィス」など数々の人事施策を提唱してきたヤフー常務執行役員が「新しい働き方」と「新・成果主義」を徹底解説。

978-4-334-04361-2

956
私が選ぶ名監督10人
采配に学ぶリーダーの心得
野村克也

川上、西本、長嶋、落合…監督生活24年の「球界の生き証人」が10人の名将を厳選し、「選手の動かし方」によって5タイプに分類。歴代リーダーに見る育成、人心掌握、組織再生の真髄。

978-4-334-04362-9

957
地上最大の行事　万国博覧会
堺屋太一

六四二二万人の入場者を集め、目に見える形で日本を変えた70年大阪万博の成功までの舞台裏を、その総合プロデューサーであった著者が初めて一冊の本として明かす！

978-4-334-04363-6

958
一度太るとなぜ痩せにくい？
食欲と肥満の科学
新谷隆史

いつか痩せると思っていても、なかなか痩せられない……。肥満傾向のある人、痩せられない人のために最新の知見を報告。健康に生きるヒントを伝える。【生物学者・福岡伸一氏推薦】
978-4-334-04364-3

959
アップルのリンゴはなぜかじりかけなのか？
心をつかむニューロマーケティング
廣中直行

商品開発は、今や「脳」を見て無意識のニーズを探る科学の時代だ。「新奇性と親近性」、「計画的陳腐化」、「単純接触効果」、「他者の力」。認知研究が導いたヒットの方程式を大公開。

978-4-334-04365-0

960
松竹と東宝
興行をビジネスにした男たち
中川右介

歌舞伎はなぜ松竹のものなのか。宝塚歌劇をなぜ阪急が手がけているのか。演劇を近代化した稀代の興行師、白井松次郎・大谷竹次郎兄弟と小林一三の活躍を中心に描いた、新たな演劇史。

978-4-334-04366-7

961
フランス人の性
なぜ「#MeToo」への反対が起きたのか
プラド夏樹

高齢者であってもセックスレスなどあり得ない。子どもに8歳から性教育を施す。大統領も堂々と不倫をする。「性」に大らかな国・フランスの現在を、在仏ジャーナリストが描く。

978-4-334-04367-4

962
土　地球最後のナゾ
100億人を養う土壌を求めて
藤井一至

世界の土はたった12種類。毎日の食卓を支え、地球の未来を支えてくれる本当に「肥沃な土」は一体どこにある？　泥にまみれた研究者が地球を巡って見つけた、一綴りの宝の地図。

978-4-334-04368-1